從豐富的範例中學習！
不可不知的版面基礎知識

【暢銷紀念版】

《設計師一定要懂的版面設計學》
DESIGNER'S HANDBOOK：LAYOUT

開始排版囉～

目　錄

版面中的圖片

版面中的顏色

版面的理論

文末附錄

前言

什麼是易讀的版面？
什麼是好懂的版面？
什麼是酷斃了的版面？
要從哪裡開始學才好呢？
如果你正為這個問題煩惱，
那就跟我們一起從這本書開
始學習版面設計吧！

小汪
無時無刻都和女孩
待在一起。毛很蓬
鬆柔軟，有時會用
兩隻腳走路。

新進設計師
剛入行的女孩，每天
都為了成為獨當一面
的設計師而努力。有
時會穿著圓點圖案的
洋裝，展現時尚感。

小貓
小汪的好朋友，偶
爾閉目養神。尾巴
有點長。

前輩
女孩工作的設計工作室
的前輩。擔任AD（藝術
總監）。條紋襯衫是他
的註冊商標，褲子長度
偏短。

登場人物介紹

1章

版面的基礎與理論

版面．文字．圖片．留白．平衡．網格……
本章整裡了初學排版時應該了解的基礎知識與理論。

排版是什麼？

「排版」就是在固定的空間內，將文字、插畫、照片等各式各樣的資訊，
組合整理成易讀、好懂的技術。

排版的功能

不只印刷品，網路、電子書等各種傳達資訊的工具，都不可缺乏「排版」。就文字而言，必須配合字數和內容，思考適合閱讀的大小和字體。照片、插畫等圖片則要考慮到張數和大小的意義，然後決定它的配置與空間。而排版便是利用文字與圖片的組合，綜合性的達到易讀、好懂的目的。廣義來說，排版也屬於「設計」的一部分，它是引導讀者看見素材魅力的重要技術，也是非常重要的步驟。

文字 　　插畫 　　照片 　　圖表・地圖

整理資訊
清楚傳達

大小？
顏色？
字體？

直排？橫排？
給誰看？
媒體是？

嗯……

嗅嗅

原來如此！

宣傳紙 　　雜誌廣告 　　海報

哇～

為何種媒體設計版面？

傳達資訊的方法形形色色，有些竅門放諸四海皆準，但也各有不同的規則。
設計版面的第一步就是了解它們的特性。

不同媒體的版面特徵

雜誌、贈閱刊物

在多張頁面放入許多照片、插畫等的出版品
和印刷品，稱為雜誌或贈閱刊物。通常會以
「跨頁」為單位來設計版面，讓讀者一打開
頁面時便能一目了然。一般來說，設計師會
運用所有頁面都能共用的「版型」。

很多照片
和插畫

書籍

文字經常占滿頁面的出版品，統稱為書籍。
除了封面和書衣之外的本體部分，通常會先
決定內文排版的基本版型。為了讓讀者能專
注於閱讀，版面必須要有嚴格的規律性。

以文字
為中心

廣告單、海報、導覽、傳單、名片

若是廣告等業務工具，經常會運用排版，在
一個頁面的空間內，容納重要的訊息。製作
前必須先了解每種媒體的特質和目的，如夾
在報紙中的廣告單，會放入大量照片，而名
片則完全是以文字組成。

一頁
排完

網站、手機、平板畫面

網站等數位版面並不像印刷媒體一樣有固定
的空間。設計師必須想像讀者使用的終端
（PC、手機、平板等）顯示畫面，是運用捲
軸和頁面移動來整理資訊。所以除了原有的
排版外，也需要對整體內容進行結構設計。

用捲軸
翻頁

喵～

排版第一步！
了解內容有什麼！

3

如何排版？

「分工合作」是基本原則，媒體製作的各階段都有不同的執行者，印刷品更不在話下，即使網路媒體也是一樣。所以排版的時候，必須理解企畫和前後的流程。

重視溝通

排版並不是公式化處理客戶給予的素材就好。作業之前，必須正確了解要將什麼樣的東西（內容）以什麼樣的形式（媒體）發表。因此，最理想的方式就是和企畫製作的編輯、製作人或前一階段的執行者，進行綿密的討論和溝通。例如印刷品就需要與印刷業者會商，網路媒體則是需要和系統管理者討論，以確定最後的成品。為了讓作業進行順利，應以縝密的溝通為主軸，達到高效率的工作流程。

與排版發稿者會商。如果是第一次合作的對象，最好直接面對面討論。

確認資料內容、媒體規格、設定讀者等重要且基本的事項。還有別忘了交稿日期和酬勞。

檢查取得的所有資料，也就是文字和圖片，了解它的內容，思考適合的排版方向。

大略決定文字與圖片的配置。可依個人喜好決定要用手繪或PC。這個階段也需交給發稿者確認。

使用排版工具完稿，實際製作多頁或單頁的版面設計。

經過發稿者核可和修正作業後，轉成電子檔。讓許多人看到自己排版的作品，更是加倍開心。

傳達訊息的版面

再出色的內容，若不能傳達出去就沒有意義了。
所以資訊的價值會視版面的好壞，而有很大的變化。

比較一下

未經過資訊整理的版面

兒童英語會話教室
4月開班招生中

兒童英語會話教室，招收5歲到9歲的小朋友。透過各種遊戲和體驗親近英語，
除了課堂上會學習英文歌之外，還有舞蹈、繪本和玩橋牌等，讓小朋友專注在
遊戲裡，不知不覺地記住各式各樣的單字和片語。您是不是應該趁著這個機
會，送給孩子一生受用的正統英語呢？

好難閱讀喔⋯⋯

快樂的課堂上，
大家一起唱歌、跳
舞，自然而然學會
英語。

可愛的繪本吸引
孩子們的好奇
心，愉快的學會
英語。

一律由外籍講師教學，

習慣正統發音。

文字沒有選擇符合內容
的字體和配置位置，因
此非常不易閱讀。而且
圖片大小和位置關係也
未經整理，不知該從哪
裡看起，這會讓讀者產
生壓力。

經過資訊整理版面

兒童英語會話教室
4月開班招生中

兒童英語會話教室，招收5歲到9歲的小朋友。透過各種遊戲和體驗親近英語，
除了課堂上會學習英文歌之外，還有舞蹈、繪本和玩橋牌等，讓小朋友專注在
遊戲裡，不知不覺地記住各式各樣的單字和片語。您是不是應該趁著這個機
會，送給孩子一生受用的正統英語呢？

很好讀吧！

快樂的課堂上，大家一起
唱歌、跳舞，自然而然學會
英語。

可愛的繪本吸引孩子們的
好奇心，愉快的學會英語。

一律由外籍講師教學，習
慣正統發音。

文字和圖片都以中央為
軸心，平衡地配置在整
個頁面上。區分標題、
內文字體和文字大小，
方便讓讀者依序閱讀。
圖說也可以清楚地對照
圖片、容易理解。

11

將版面切割思考

進入排版作業時,最先應該思考什麼呢?
首先,要思考如何把必要的元素放進有限的版面裡。

版面是什麼?

用元素的數量來切割版面

配合元素的數量,將版面分割成幾個區塊來思考,能提高排版的效率。我們可以因應「主標題」、「內文」、「圖說」等文字元素與「圖片」數量,將版面切割成3塊、4塊,或更多數量。切割的方法必須視哪個元素占比大、元素的容量和媒體的目的而有所調整。這裡我們就來看看主標題、內文、主圖+圖說的3切割,以及主標題、副標題、內文、主圖+圖說的4切割範例吧!

①主標題 ②內文 ③主圖+圖說的3切割

〔3切割直排〕

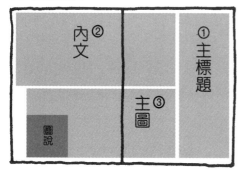

「主標題」保有足夠醒目的空間。剩下的空間均等分給「內文」和「主圖+圖説」

實際排版後的感覺。

〔3切割橫排〕

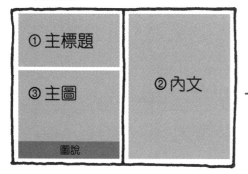

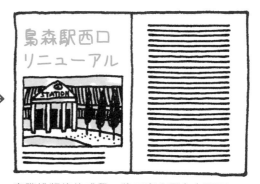

「內文」保有一頁的篇幅,剩下的一頁則容納「主標題」和「主圖+圖說」。

實際排版後的感覺。將元素分置左右兩頁,做出層次感。

①主標題 ②副標題 ③正文 ④主圖＋圖片說明的４切割

〔以主標題＋副標題為主〕

「主標題」和「副標題」占空間的一半。

實際排版後的感覺。是一種強烈訴求文字意義的版面。

〔以視覺為主〕

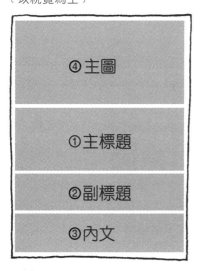

最上方的圖像最先映入視線哦！

改變空間的用法，調整圖像的位置與大小。

這種版面會使圖像最先映入視線。切割版面思考的優點就是容易調整構成元素的大小和位置。

13

引導視線的方法

我們通常會在紙張或螢幕面前，移動視線讀取文字或圖片訊息。
而排版的功能就是妥善的引導視線的走向。

什麼是視線注視紙面的走向？

閱讀文字指的就是眼睛注視著文字的行列。以中文的習慣來說，有直排和橫排兩種形式，所以視線的移動必然會是縱向或橫向注視文字。直排時視線是由上往下看，然後往左移到下一行。也就是說，視線的動向是「自右上到左下」。不妨礙這種視線的動向，就是在編排直排印刷品時的基本規則。配置照片等圖像時，基本上也是依照呈現的順序，以「右上到左下」的方式配置。

直排的視線走向

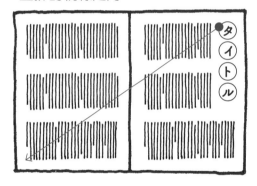

右裝訂　　　　　右翻

直排的平面出版品是「右裝訂‧右翻」。由於視線的走向是從右上到左下，一般會依照這種習慣配置標題和照片。但有時也會故意將標題放在下方，或是將印象強烈的照片任意配置。實際的排版作業必須隨機應變。

橫排的視線走向

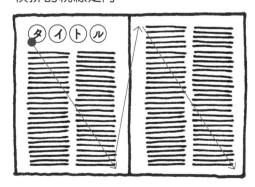

左裝訂　　　　　左翻

橫排的平面出版品是「左裝訂‧左翻」。循著內文的行列，視線從左上到右下移動。單張印刷品的排版也是一樣。這種走向比直排更能引導視線，所以橫排很適合重視規則性的版面。

嗯～

視線的走向
很重要呢！

直排、橫排混合時的視線走向

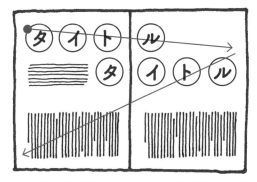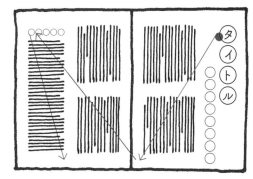

以直排為基礎的版面，最大的優點是在跨頁中能容納橫排的元素。排版時可以將想要加強印象的標題或圖說排成橫排。

直排中混入橫排時，其跨頁走向還是要按照基本視線「右上到左下」配置。所以若是在右上配置橫排的專欄，會讓讀者感到困惑，不知該從哪裡開始看起才好。

用圖片引導視線

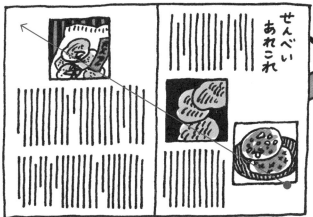

這個範例雖然是以直排為中心，但卻沒按照基本視線「從右上到左下」配置，而是反其道而行。這麼做會讓讀者很難明白該從哪張圖片開始看起，而且與內文之間的排列也不整齊，閱讀時容易被圖片打斷走向。除非有明確意圖，否則應避免打斷視線的走向或逆向配置。

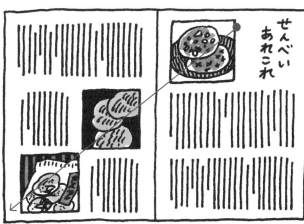

圖片按照基本視線「從右上到左下」配置，與內文之間整齊地排列，閱讀時能自然的觀賞圖片。按理來說，配置的順序應配合視線走向，空間大小則配合圖片的內容與意義來決定。

構成書籍的元素

書籍是出版品的核心，它在長久的歷史中形成某些「型式」。
這裡介紹排版前應該要牢記的書籍構成元素。

版面的安排與結構

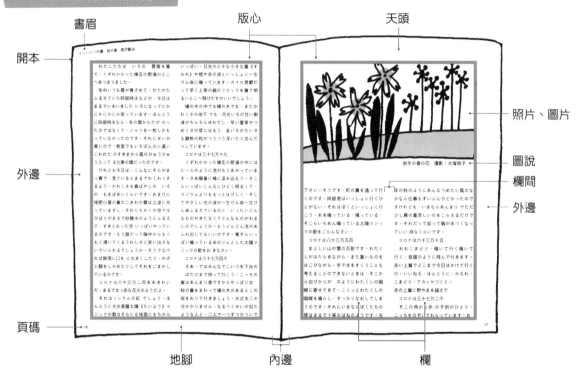

開本：指的是書籍或雜誌的完成尺寸。開本有A系列、B系列等工業規格尺寸，和四六版或菊版等傳統尺寸。

版心：指的除去四邊留白，用以印刷文字和圖片的空間。版心的大小決定書籍的印象。

照片、圖片：文字以外的圖案元素，統稱為圖片，例如照片、插畫、圖表等。電子書的話，影片也會成為排版的對象。

欄、欄間：分割版面的區塊稱為「欄」，欄與欄之間的空間稱為「欄間」。欄數增加會縮短行長，能在版面中配置更多圖片。

天頭、地腳：書籍和雜誌的四個版邊中，上方的邊稱為「天頭」，下方的邊稱為「地腳」。排版時，經常會遇到將「照片延伸出天頭做出血」或是「將注釋配置在地腳」。

外邊、內邊：書籍和雜誌的四個版邊中，外側的邊稱為「外邊」，中央裝訂的邊稱為「內邊」。通常外邊和內邊不放文字。

書眉：在天頭、地腳或外邊配置書名和章名的地方。大多設在雙數頁，以便查找目標頁面。

頁碼：顯示頁面順序的號碼稱為「頁碼」。大多配置在天頭或地腳靠外邊處，統一固定在一個位置。

圖說：指的是設於內文之外，說明照片和插畫的文字。圖說通常配置在圖片側邊或內側，且文字尺寸大多比內文小。

書籍的結構與順序

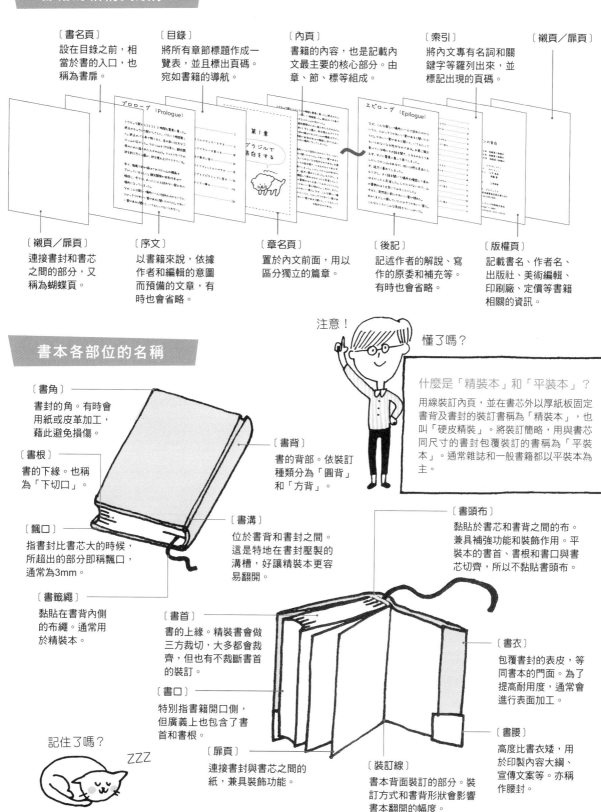

〔書名頁〕
設在目錄之前，相當於書的入口，也稱為書扉。

〔目錄〕
將所有章節標題作成一覽表，並且標出頁碼。宛如書籍的導航。

〔內頁〕
書籍的內容，也是記載內文最主要的核心部分。由章、節、標等組成。

〔索引〕
將內文專有名詞和關鍵字等羅列出來，並標記出現的頁碼。

〔襯頁／扉頁〕

〔襯頁／扉頁〕
連接書封和書芯之間的部分，又稱為蝴蝶頁。

〔序文〕
以書籍來說，依據作者和編輯的意圖而預備的文章，有時也會省略。

〔章名頁〕
置於內文前面，用以區分獨立的篇章。

〔後記〕
記述作者的解說、寫作的原委和補充等。有時也會省略。

〔版權頁〕
記載書名、作者名、出版社、美術編輯、印刷廠、定價等書籍相關的資訊。

書本各部位的名稱

注意！

懂了嗎？

什麼是「精裝本」和「平裝本」？
用線裝訂內頁，並在書芯外以厚紙板固定書背及書封的裝訂書稱為「精裝本」，也叫「硬皮精裝」。將裝訂簡略，用與書芯同尺寸的書封包覆裝訂的書稱為「平裝本」。通常雜誌和一般書籍都以平裝本為主。

〔書角〕
書封的角。有時會用紙或皮革加工，藉此避免損傷。

〔書根〕
書的下緣。也稱為「下切口」。

〔飄口〕
指書封比書芯大的時候，所超出的部分即稱飄口，通常為3mm。

〔書籤繩〕
黏貼在書背內側的布繩。通常用於精裝本。

〔書背〕
書的背部。依裝訂種類分為「圓背」和「方背」。

〔書溝〕
位於書背和書封之間。這是特地在書封壓製的溝槽，好讓精裝本更容易翻開。

〔書頭布〕
黏貼於書芯和書背之間的布。兼具補強功能和裝飾作用。平裝本的書首、書根和書口與書芯切齊，所以不黏貼書頭布。

〔書首〕
書的上緣。精裝書會做三方裁切，大多都會裁齊，但也有不裁斷書首的裝訂。

〔書口〕
特別指書籍開口側，但廣義上也包含了書首和書根。

〔扉頁〕
連接書封與書芯之間的紙，兼具裝飾功能。

〔裝訂線〕
書本背面裝訂的部分。裝訂方式和書背形狀會影響書本翻開的幅度。

〔書衣〕
包覆書封的表皮，等同書本的門面。為了提高耐用度，通常會進行表面加工。

〔書腰〕
高度比書衣矮，用於印製內容大綱、宣傳文案等。亦稱作腰封。

記住了嗎？
ZZZ

構成雜誌的元素

週刊、月刊等定期出刊的出版品稱為雜誌。
封面和內容都會採用每期統一的設計和版型。

書封各部位名稱

發行資訊：派送到書店或以包裹郵寄時必須刊登的資訊。因為不是重要的資訊，所以通常會用較小的文字尺寸配置在書封角落。

雜誌名稱：雜誌名稱會長期使用同一個商標設計，通常配置在天頭的位置。如果是車廂廣告或懸掛式廣告，則會配置在地腳的位置。

卷號、期號：標記自創刊後的第幾期，有些則是標記當年的第幾期或是幾月號。為了與發行資訊做出區別，通常會將文字尺寸設定得比較大，以避免讀者誤會。

雜誌副標：以簡短文字傳達雜誌內容和概念，或是提示該期的封面故事和宣傳文案。每期都會伴隨雜誌名稱一起出現，加深讀者印象。

雜誌條碼：配置在封底固定的位置。出版社會事先取得條碼，當通路或書店刷取時，就會出現出版社名稱、雜誌名稱、類型和期數等。

特輯主標題：刊載當期主要的報導內容。若雜誌本身頗具知名度，有時反而會將特輯主標題的文字尺寸設定得比雜誌名稱大。

單元標題：標示出報導的內容，作為雜誌的特點，提升購買意願。有些雜誌會詳細描述，有些則完全不放單元標題。

出版社名稱：通常會放在書封、封底和書背。讀者挑選雜誌時，大多都是看雜誌名稱而不是出版社，所以出版社名稱不會太明顯。

價格：書封標示含稅定價，封底則是同時列出含稅定價與原價（未稅價格）。主要是為了應對稅率發生變化。

封底：一般雜誌會在封底刊登廣告。即使滿版的廣告，也須空出規定的空間放入雜誌條碼。

書眉

圖說

引言

頁碼

大標

小標

內文

大標（特輯主標題）：以簡短語句清楚地表達報導內容。文字尺寸通常是內頁中最大的，且配置在最顯眼的位置。

引言：將內文簡化作為前言，但並不是所有文章都設有引言。排版時可將大標和引言組合起來，思考字體的搭配，設計出變化。

小標：用簡短的詞語為內文的內容提出綱要，同時也可以作為閱讀的區隔。有時也會從報導中取出印象深刻的句子作為小標。

圖說：圖片和照片隨附的說明文字。文字尺寸比內文小，通常會整理成一行到數行。為了易讀和美觀，有時可按語意斷行。

內文：報導的主體文章。通常雜誌會採用二到五欄的架構，基本上都會統一使用同樣的模式排版。

頁碼：頁面順序的號碼。頁碼出現的位置若有放照片時，通常會「隱藏頁碼」不露出。

書眉：為了提高報導的查找性，有時會以較小的文字標註專題的大標。型錄類出版品有時會附上按注音順序排列的書眉。

這些用語專業人士都需牢記哦！

表3
表2
表4
表1

什麼是表1、表2、表3、表4？

單指「書封」時，很難知道指的是封面、封底、內側還是外側。所以通常將放有雜誌標題的稱為「表1」，背面稱為「表2」，封底稱為「表4」，封底裡（封底前面）稱為「表3」以示區別。表2～4常用於刊登廣告。

9

了解印刷媒體的尺寸

印刷媒體有各種尺寸，主要是根據使用的種類和頁數關係來決定。
通常會從已經固定的尺寸中選擇。

考慮適合媒體的尺寸

看！這是比較表！

報紙、雜誌、書籍等印刷媒體，性質大不相同，所以每一種媒體都有規定的尺寸。開始排版之前，需先決定媒體製作的大小。紙張的大小對預算影響很大，所以不可以隨興決定。此外，必須選擇適合該媒體流通管道或讀者習慣的尺寸，這種印刷品完稿後的尺寸稱為「開本」。報紙有大報和小報等尺寸，雜誌則通常都是A4或B5的尺寸。如果沒有特別的原因或狀況，通常不會採用其他的規格，但像贈品和公關品等接近商品的印刷品，就多採用自由尺寸或形狀，不受既有規格拘束。

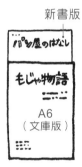

這裡陳列出主要印刷媒體的開數。報紙類的大尺寸可減少頁數，且能大量快速印刷，是配合工程必要而產生的尺寸。雜誌或書籍則需依照圖片的呈現方式和頁數，選擇各種不同的尺寸，但新書和文庫本等小型系列書就必須遵守規定的尺寸。

紙媒體的尺寸

規格	完稿尺寸（mm）	常用的媒體
A4	210×297	月刊
A5	148×210	教科書
A6	105×148	文庫本
B5	182×257	週刊
B6	128×182	單行本
B7	91×128	筆記本

規格	完稿尺寸（mm）	常用的媒體
四六版	127×188	單行本
菊版	152×218	單行本
AB版	210×257	女性雜誌
新書版	103×182	新書
小報	273×406	小型報
大報	406×546	報紙

＊菊版和四六版共有兩種尺寸，請多加留意。

印刷品必要的裁切線是什麼？

雖然讀者翻閱書籍或雜誌時不會看見，但對排版或印刷工作者來說，
「裁切線」是非常重要的標記。

什麼是裁切線？

「裁切線」是將版面印刷到正確位置和裁切時不可缺少的標記，亦稱為裁切標記。裁切線配置在完成尺寸的外側，所以在完成的印刷品上是不會看到的。製作單頁廣告版面時，會直接設置裁切線，但製作多頁版面時，就會在製版或印刷時設置裁切線。圖片或顏色配置在外邊或滿版時，要考慮到裁切時的誤差，所以必須將圖片延伸至裁切時的安全邊界為止（出血）。

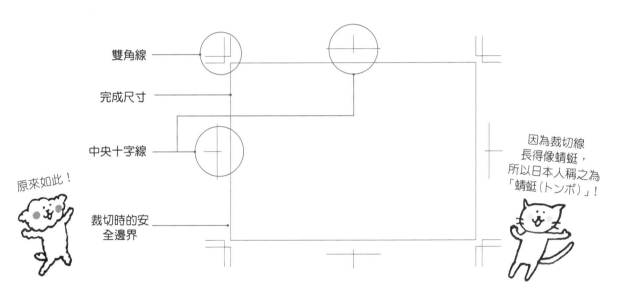

雙角線

完成尺寸

中央十字線

裁切時的安全邊界

原來如此！

因為裁切線長得像蜻蜓，所以日本人稱之為「蜻蜓（トンボ）」！

這種時候出血很重要！　滿版圖片或底色需向外延伸設定出血。如果只剛好配置到完成尺寸的範圍，可能會因為裁切的誤差而出現白邊。

延伸照片設定出血

動物園に行こう！

人気の動物 BEST 3!!
1位
2位
3位

底色滿版時

完成尺寸

版面設計

版心是什麼？

排版時，第一件要做的就是決定完成尺寸。
決定好尺寸後，再從配置文字和圖片的版心開始設計。

版心與版邊的關係

印刷品的上（天頭）、下（地腳）、左（內邊）、右（外邊）要設置一定的留白，而這些留白統稱為版邊。除去頁碼等特別的元素之外，原則上，版邊不放任何文字和圖像。版面中除了版邊之外的所有領域都稱為版心，

版心四周必然被版邊圍繞，而設計師要在這個空間裡，將元素配置進去。版心的面積和版邊的面積加起來，一定要等於完成尺寸的面積，也就是說版心放大時，版邊就變窄，版心縮小時，版邊就變大。

版心的基本規則

印刷媒體原則上不會頁頁變化設計，通常整本都是使用共通版型。一般來說，四六版或A5等大小的書籍，版心面積占版面的50～60％，B5或A4大小的雜誌，版心面積約占版面的70～85％。

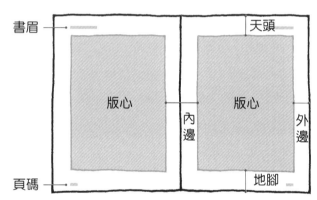

版心與完成尺寸形狀幾乎相似。書眉和頁碼配置在版邊內，其他元素原則上都在版心中。

如何決定版心？

海報、廣告紙等單張印刷品

在完成尺寸的上、下、左、右設定任意版邊，並思考想表現的意象。版邊以外的領域自然就會成為版心。

版邊

書籍、雜誌等多頁印刷品

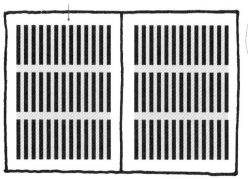

設定大略的版邊寬距，同時決定文字尺寸和一行的字數與行數等，抓出基礎的版心。

12 從文字來思考如何決定版心

接下來就來介紹以內文為基準，先決定版心再調整版邊的做法。
這種方法適合文字量多的媒體，且需要與文字排列的相關正確知識。

想像稿紙

頁面以文字為主的媒體，會刊載大量的內文，這時以內文排列為基準，先行算出版心空間的方法較有效率。最基本的文字排列方法是按一定間隔排出「無形的正方形框」（字身），每一個框放一個文字，想像一下作文用的稿紙，就會比較容易理解。決定文字尺寸（字級）、排列的間隔、每一行的字數和行數後，就能自動算出整個版心的空間，而版心可容納的最大文字量，等於一行字數 × 行數。

從內文的字級推算版心的方法

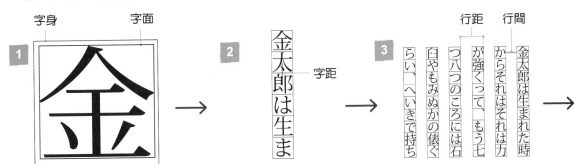

1 字身　字面

每種文字或字體，其字面的大小都不相同。但相同字級的字身大小都是固定的。

2 字距

最基本的內文排列是不留空白的將字身排成一行（密排）。文字的字距和字級固定在同樣的大小。

3 行距　行間

金太郎は生まれた時からそれは力が強くって、もう七つ八つのころには石白やもみぬかの俵づらい、へいきで持ち

先決定好構成一行的字級、字數和字距，接著設定適當的行距與行間，決定一頁的行數。

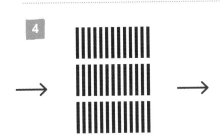

4

行長若是太長反而會不利於閱讀。這時大開本可有效的利用分欄的方式解決這個問題。欄與欄之間（欄間）留空兩個字左右的寬度。

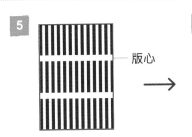

5 版心

將設定好的排版加上邊框，就是版心的範圍了。實際上版心並不需要加框，可以將框當作「無形的基準」來應用。

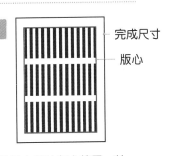

6 完成尺寸　版心

將設定好的版心範圍，放進版面的任意位置，如果它與完成尺寸或版邊的大小不太均衡的話，微調內文排列的設定即可。

思考版心的重點

以內文為基準推算版心的做法，會因為內文排列的設計，左右著完稿的樣貌。
所以考慮文字排列的美觀和易讀性，也是思考版心的一大重點。

追求閱讀性

版面中最重要的當然是文字的易讀性。文字的字級、字數、行數、字距和行距的狀態，以及字體的不同，都會改變文字的易讀性，所以必須配合媒體的特性，適切的予以設計。易讀的文字排列和以它為基準推算出的版心，有助於讀者順暢理解內容。那麼就讓我們來看看基本的要點吧！

同字級不同字體形成的不同呈現

緊密‧字面大 ←————————————→ 分散‧字面小

それからは金太郎は、每朝お母さんにたくさんおむすびをこしらえてもらって、森の中へ出かけて行きました。

A-OTF Shin Go Pro

それからは金太郎は、每朝お母さんにたくさんおむすびをこしらえてもらって、森の中へ出かけて行きました。

A-OTF Gothic MB101 Pro

それからは金太郎は、每朝お母さんにたくさんおむすびをこしらえてもらって、森の中へ出かけて行きました。

A-OTF Gothic BBB Pro

雖然字級相同，但不同的字體會看起來比較緊密或分散。

*然後金太郎請母親每天早上幫他做很多飯糰，便出門到森林裡去了。

字面是什麼

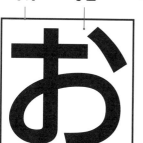

字身　字面

〔不同字體形成的不同字面〕

〔不同文字形成的不同字面〕

嗚……

通常日文字體的設計，是在一個「無形的正方形框」裡放進一個字。這種類似稿紙的格子字框稱為「字身」，它是字級設定的基準。另外，文字實際的形狀稱為「字面」。每個文字的字面大小和形狀，在不同字體上會有所差異。字面小的字體，字間和行間會顯得分散，可利用緊縮字間或縮小行間來調整。

◤ 行間與行距

〔横排〕

さあ、みんなで
すもうをとろう

*來呀，一起玩相撲吧！

〔行距〕

〔直排〕

さあ、みんなで
すもうをとろう

〔行間〕

太厲害了！

〔行間〕

內文各行按一定間隔排列，行與行之間的間隔稱為「行間」。字級和行間的設定，可以自動形成行距（字級＋行間＝行距）。

〔行距〕

各行頂部至下一行的頂部距離稱為「行距」，單位為「齒」（H），也有以文字尺寸標準的「％」來顯示。

◤ 行長與行間的平衡

○
〔適度的行間〕 ←

✕
〔行間太窄〕

→ ○
〔分欄〕

金太郎吹了聲口哨，高喊：「好，大家快來吧！」於是在黑熊帶頭下，鹿、猴和兔子都走了出來。金太郎帶著這些部下，在山裡走了一整天。「來呀，我們一起玩相撲吧。贏的人，我送牠吃飯糰。」於是黑熊用厚實的手掌挖起地來，整理成土俵。

金太郎吹了聲口哨，高喊：「好，大家快來吧！」於是在黑熊帶頭下，鹿、猴和兔子都走了出來。金太郎帶著這些部下，在山裡走了一整天。「來呀，我們一起玩相撲吧。贏的人，我送牠吃飯糰。」於是黑熊用厚實的手掌挖起地來，整理成土俵。

即使是同樣的行間……

金太郎吹了聲口哨，高喊：「好，大家快來吧！」於是在黑熊帶頭下，鹿、猴和兔子都走了出來。金太郎帶著這些部下，在山裡走了一整天。「來呀，我們一起玩相撲吧。贏的人，我送牠吃飯糰。」於是黑熊用厚實的手掌挖起地來，整理成土俵。

行間若是距離不當，會很難順利閱讀到下一行。尤其是行長太長時，行間必須比短的行長更寬才行。若是行間無法加寬，可以試著用分欄方式，縮短行長以便閱讀。

思考分欄的功能

同樣的文字排列設定，只要應用分欄的功能，就能調整一行的字數。分欄對開本和媒體形象影響很大，所以設計時要注意保持比例平衡。現在就來試試看分欄功能吧！

什麼是適當的分欄？

一欄式的排法就是行長和版心（直排為垂直方向，橫排為水平方向）尺寸相同，通常以小說的單行本為代表。但是像A4大小的雜誌用這種方式排版的話，行長會太長且不易閱讀。所以分欄的目的就是在維持適當的文字尺寸和字距之下，發揮縮短行長的功能。適當的欄數會隨著紙張開本而變化。另外像是不同的行長，也會影響到閱讀的節奏，所以視內容採用不同欄數是十分重要的。

分欄與開本的關係

直排

〔一欄式排法〕文庫本・新書

嗯嗯

文庫本或新書等小開本書籍，最適合一欄式排法。增加分欄會使行長太短，不易閱讀。

〔二欄式排法〕大開本的書籍

A5大小以上的書籍，通常會使用二欄式排法。減少斷行時的留白，可以放入更多資訊。

〔三～四欄式排法〕雜誌

B5或A4大小的雜誌，通常會採用三欄或四欄式排法。基本上開本越大，欄數也會增加。

〔五～六欄式排法〕字典

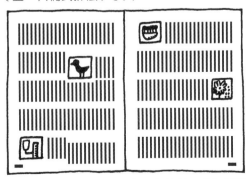

大型媒體需要的欄數更多。尤其是字典為了增加訊息量，即使小型開本也會使用多欄排法。

橫排　〔一欄式排法〕小開本的書籍　　　　〔二欄式排法〕A4 左右的書籍和雜誌

嗯嗯

縱向版面的水平比垂直短。即使開本相同，但由於行長較短，所以橫排也會減少欄數。

A4大小的開本，即使是一欄式的橫排還是會使行長太長，所以在大版面時會使用多欄式排法。

分欄與版面氛圍

通常開本越大，版心也會越大，基本上欄數也會增加。欄數增加會使行長變短，閱讀時視線會不斷跳到下一行，動作較頻繁，能給人活潑的印象。例如資訊雜誌就很適合大開本和多欄排版。相反地，若是希望讀者能專心閱讀小說，避免給人緊湊的印象，最適合的則是一欄式排法。分欄的本質是為了控制行長，但行長也可以用版心的大小來控制，未必需要分欄。例如想要呈現高雅的印象，即使是大開本，也可以刻意放寬留白，做一欄式的排法。

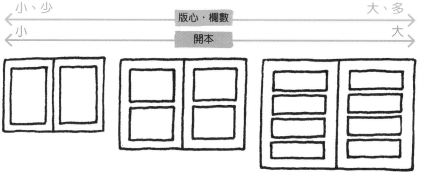

欄數、開本和版心有著密切的關係。在版心和版邊大多相似的情況下，開本越大，版心也會擴大，所需的欄數也會更多。

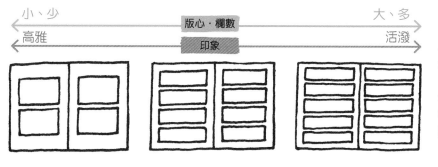

版面氛圍會因為行長和欄數而改變。同樣的開本，大膽地增加留白和減少欄數，可以展現高雅的印象。

影響版面氛圍的版心

版心占版面（開本）的比例稱為「版心率」。
版心率也是版邊的指標，對版面呈現的氛圍有很大的影響。

版心與版邊

版心率以百分比表示版心對版面的尺寸占比。開本相同時，擴大版心會使版邊縮小，反之，縮小版心則會放大版邊。也就是說版心率除了表示版心之外，也是版邊大小的指標。版心率達80％的版面，版邊的比例為20％；版心率有60％的版面，版邊比例則有40％。版心率高且版邊窄的版面，會給人活潑的印象，相反地，版心率低且版邊寬的版面，則會給人高雅大方的印象。

版心與版邊形成的印象

〔版心率高・留白少〕

版心率高的版面，可以放入更多訊息。較大的版心可以將文字或照片放大配置，除了方便處理之外，也能營造出活潑的印象。

〔版心率低・留白多〕

版心率低的版面，訊息量較少，可以展現出大方和高雅感。另一種是版心率雖高，但減少版心的訊息量和保留留白，也能得到相同效果。

版心位置在版面上的變化

加寬地腳

加寬天頭

固定版心尺寸，加寬天頭的話，地腳的版邊就會縮小。通常印刷媒體都是加寬地腳。

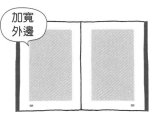

加寬內邊

加寬外邊

內邊的版邊必須保留一定的量作為裝訂用。有時會加寬外邊的版邊來設計書眉。

版面設計

版型是什麼？

版型就是排版進行中作為基準的雛形。
若是使用同樣的版型，就算是多人作業，也能維持頁面整體統一。

版型的功能

紙面的排版一般都會一開始就設定好版型作為基準。整本書或某個主題故事使用同一個版型，版面就會呈現出統一性。定期刊物的連載報導等，每一期都沿用相同版型，能讓讀者一眼掌握內容。有些基本性的版型只設定版心和欄數，有些則像型錄一樣，必須嚴格設定多張圖片位置和大小。版型的設定可以說變化多端，應配合每個案子的需求靈活應用。

用版型製作頁面的流程

〔版型〕

我們就以它為根據排版

分欄也是版型的一種，這裡是以版心分成三欄的基本版型作為範例。

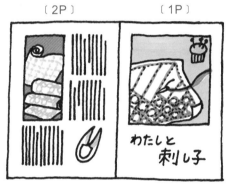

〔2P〕　　〔1P〕

わたしと 刺し子

第一頁配置大張圖片和主標題，第二頁則根據版型排入內文。圖片的配置占去兩欄的高度。

〔6P〕　　〔5P〕

刺し子のこれからを考える

ステキな刺し子の図案

版型自由度高的話，就容易在每一頁設計出動態，規則設得越多就會越顯得井然整齊。

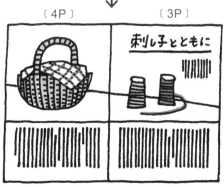

〔4P〕　　〔3P〕

刺し子とともに

圖片大膽地占去跨頁上方二欄的空間。版面雖為三欄，但即使增加變化，仍然可以保持統一性。

掌握文字的印象和意象

內文是用文字表現傳達給讀者的內容，它是構成版面的重要元素之一。
選擇適合媒體方向的樣式，調整成容易閱讀的版面，才能正確地將資訊傳達給讀者。

兼顧易讀性與整體展現

版面內容可分為標題、內文、圖說等許多種類。我們必須將這些混雜的狀態加以整理，設計出易讀的格式提供給讀者。此外，不同的字體也會呈現出不同的文字風格，進而影響版面的整體方向。易讀性與媒體意象的表現缺一不可。首先來學習如何掌握文字給讀者的印象和意象吧！

日文字體的種類與印象

〔明體〕

點　收
永 あ
撇　勾　懷

日文字體就大分類來說，源自書法的明體，給人優雅和正式的印象，是基礎、易讀的字體。

〔黑體〕

永 あ

筆畫粗細均等的黑體，給人比較現代化、休閒的印象。辨識性高，可以強烈表現字串。

不同字體形成不同的印象

男性化 ←── 印象 ──→ 女性化

襯線

古典 ←── 印象 ──→ 現代

左起為「Shin Go H」、「Gothic BBB Medium」、「Shin Maru Go R」。筆畫粗的黑體較能表現男性化的印象，帶圓的字體較為女性化，給人溫柔可愛的印象。

左起為「A-OTF Shinsei Kaisho CBSK1 Pro」、「Ryumin Pro M-KL」、「Gothic MB101 Pro R」。橫畫和轉折處所形成的三角形「襯線」，這種字體通常給人高雅莊重的印象。越靠近字面寬廣的黑體，給人較現代的印象。

粗細差別形成不同的印象

有力 ←── 印象 ──→ 纖細

左起按順序為「A-OTF U-KL / H-KL / B-KL / M-KL / R-KL / L-KL」的字體。雖然是同一系列的字體，但筆畫粗細的差別，帶來不同的印象。文字的粗細稱為字重，字體字重越高（粗），感覺越有力且厚重，字重越低（細），則會給人輕盈、纖細的印象。

文字的表現

〔改變字體〕

可愛い
猫と鳥

是貓和鳥…

改變部分字體可以強調部分文字，增加該單字的印象。

〔改變字重〕

可愛い
猫と豚

貓和豬…

改變部分文字的粗細，可以控制字串中的注目度。通常粗的文字較醒目，更能提升讀者的注目。

〔改變文字大小〕

可愛い
パンダ

貓熊…

改變部分文字大小，和變更字重一樣，都會影響注目度。文字越大越醒目，也比較容易留下印象。

〔移動文字〕

可愛い犬

終於！

輪到狗了！

通常字串都會有規則的水平／垂直排列，但刻意錯開文字，能產生動態，給人愉快的印象。

行對齊形成不同的印象

排版時以哪裡為對齊基準，給人的印象也會大不相同。這裡我們以橫排為例，代表的範例有「靠左對齊」、「靠右對齊」、「置中對齊」三種。除了末行之外，行內兩端全部對齊的配置稱為「齊行」，可使四個角都有文字，排列成長方形。另外也有自動調整字間，行首、行尾對齊的「強制齊行」或「混合式對齊」方式的組合。

呀齁～

〔靠左對齊〕

　前幾天，烏龜先生幫了我一個很大的忙。
所以今天我來報恩了。
引自《浦島太郎》

〔靠右對齊〕

　前幾天，烏龜先生幫了我一個很大的忙。
所以今天我來報恩了。
引自《浦島太郎》

〔置中對齊〕

　前幾天，烏龜先生幫了我一個很大的忙。
所以今天我來報恩了。
引自《浦島太郎》

〔齊行〕

　前幾天，烏龜先生幫了我一個很大的忙。所以今天我來報恩了。
引自《浦島太郎》

末行靠左對齊

〔強制齊行〕

　前幾天，烏龜先生幫了我一 個 很 大 的 忙 。
所 以 今 天 我 來 報 恩 了 。
引 自 《 浦 島 太 郎 》

〔混合式對齊〕

　前幾天，烏龜先生幫了我一個很大的忙。所以今天我來報恩了。
引自《浦島太郎》

齊行

靠右對齊

18 了解更多日文字體

日文字體大致可分為明體與黑體。即使在同種分類裡，字體本身也有許多差異，
大家不妨多加了解，活用在版面之中。

舊風格與現代體

每種字體都有不同的特徵，話雖如此，但由於字體數量非常龐大，若不按照某種程度歸類，選擇字體時很可能不知該從哪裡下手。因此，可以先從明體和黑體兩個較大的類型來分類。明體的橫通常比豎細，保留了毛筆字的味道，而黑體的橫和豎幾乎一樣粗。此外，還有楷書體、行書體、圓體、POP體等，日文字體有很多種類，每種字體表現的印象也不同。

比較字體的差異與特徵

〔明體舊風格〕

〔岩田明體舊風格〕

有三角形「襯線」的毛筆字味道，是明體的特徵。尤其是舊風格字體，可以感覺到在楷書筆觸下的懷較窄小。

〔明體現代體〕

〔小塚明體〕

雖然同樣是明體，但懷的部分較寬，具現代感，且形式較清晰。這種字體也分成「現代體」和「新風格體」。

直排

むかし、むかし、ある家のお倉の中に、たいそうゆたかに暮らしているお金持ちのねずみが住んでおりました。その家のねずみの子はかがやくほど美しく、それはねずみのお国でだれ一人くらべるもののない日本一のいい娘になりました。

横排

むかし、むかし、ある家のお倉の中に、たいそうゆたかに暮らしているお金持ちのねずみが住んでおりました。その家のねずみの子はかがやくほど美しく、それはねずみのお国でだれ一人くらべるもののない日本一のいい娘になりました。

排列文字的時候，必須注意各字體大小的不同，設計符合它的適當文字空間。這裡舉例的岩田明體舊風格（Iwata Mincho Old），假名比漢字小，在排列文字時會產生抑揚頓挫的效果。

直排

むかし、むかし、ある家のお倉の中に、たいそうゆたかに暮らしているお金持ちのねずみが住んでおりました。その家のねずみの子はかがやくほど美しく、それはねずみのお国でだれ一人くらべるもののない日本一のいい娘になりました。

横排

むかし、むかし、ある家のお倉の中に、たいそうゆたかに暮らしているお金持ちのねずみが住んでおりました。その家のねずみの子はかがやくほど美しく、それはねずみのお国でだれ一人くらべるもののない日本一のいい娘になりました。

這裡舉例的小塚明朝（Kozuka Mincho），假名設計得比較大，字面的尺寸與漢字接近。如果使用假名較大的字體，排列文字較小的長篇文章時，會給人擁擠的感覺。

〔黑體舊風格〕

永あ

〔筑紫黑體舊風格〕

黑體也分成好幾個種類，其中舊風格體的懷較小，線的兩端看得出歷史和手寫設計的特徵。

〔黑體現代體〕

永あ

〔新哥黑體〕

黑體中，這種字體的懷最大，而且字體粗細也最平均，可以表現出現代感，給人機械化的印象。

〔直排〕

むかし、むかし、ある家のお倉の中に、たいそうゆたかに暮らしているお金持ちのねずみが住んでおりました。その家のねずみの子はかがやくほど美しく、それはねずみのお国でだれ一人くらべるもののない日本一のいい娘になりました。

〔横排〕

むかし、むかし、ある家のお倉の中に、たいそうゆたかに暮らしているお金持ちのねずみが住んでおりました。その家のねずみの子はかがやくほど美しく、それはねずみのお国でだれ一人くらべるもののない日本一のいい娘になりました。

筑紫黑體舊風格（FOT-TsukuOldGothic Std）的假名設計得比較小，適合用於閱讀字串。有時可視情況適當的緊縮字間。

〔直排〕

むかし、むかし、ある家のお倉の中に、たいそうゆたかに暮らしているお金持ちのねずみが住んでおりました。その家のねずみの子はかがやくほど美しく、それはねずみのお国でだれ一人くらべるもののない日本一のいい娘になりました。

〔横排〕

むかし、むかし、ある家のお倉の中に、たいそうゆたかに暮らしているお金持ちのねずみが住んでおりました。その家のねずみの子はかがやくほど美しく、それはねずみのお国でだれ一人くらべるもののない日本一のいい娘になりました。

新哥黑體（A-OTF Shin Go Pro）的假名設計得較大，且字面整體性也較寬廣，適合橫排，不適合直排。由於辨識性高，可以應用在醒目用途的字串上，如標題等。

整理起來了！

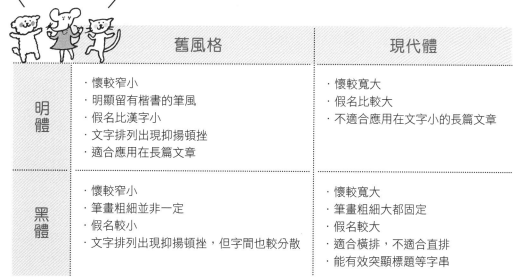

	舊風格	現代體
明體	・懷較窄小 ・明顯留有楷書的筆風 ・假名比漢字小 ・文字排列出現抑揚頓挫 ・適合應用在長篇文章	・懷較寬大 ・假名比較大 ・不適合應用在文字小的長篇文章
黑體	・懷較窄小 ・筆畫粗細並非一定 ・假名較小 ・文字排列出現抑揚頓挫，但字間也較分散	・懷較寬大 ・筆畫粗細大都固定 ・假名較大 ・適合橫排，不適合直排 ・能有效突顯標題等字串

了解歐文字體

即使是以日文為主的版面，文章中也隨處會用到英文字母。
所以了解歐文字體的分類等基礎知識，便能在排版時得心應手。

襯線字體與無襯線字體

襯線字體與無襯線字體可稱得上是歐文字體中較具代表性的分類。人們經常認為它與日文字體中的明體和黑體相當，但其實並不是如此。襯線字體指的是在筆劃末端有著小小的字腳裝飾，稱為「襯線」。無襯線字體（San Serif）的San，是法語「無」的意思，表示這種字體沒有襯線裝飾。除了襯線字體與無襯線字體外，歐文字體還有手寫體（script）和黑體（Blackletter，或稱歌德體）和斜體（Italic）等許多種類。

主要的歐文字體種類

〔襯線字體〕　　襯線

襯線字體又分成「舊風格」和「現代體」，舊風格的手寫氛圍容易產生溫暖感，而現代體為幾何式設計，具有現代感。通常排列長篇文章時，傾向較為纖細的襯線字體。

〔Times-Regular〕　襯線字體‧舊風格

I bought a dress. It's gorgeous.
I can't wait to wear it.

〔Bodoni-Book〕　襯線字體‧現代體

I bought a dress. It's gorgeous.
I can't wait to wear it.

〔無襯線字體〕

Hello

無襯線字體也包含了各種字體，從古典到現代都有。排列長篇文章時，行間寬度比襯線字體更大，適合標題等需要提高辨識性的地方。

〔Helvetica-Regular〕無襯線字體‧細

I bought a dress. It's gorgeous.
I can't wait to wear it.

〔Futura-Bold〕　無襯線字體‧粗

**I bought a dress. It's gorgeous.
I can't wait to wear it.**

其他

〔手寫體〕

Dog and Cat

〔Edwardian Script〕

這種字體接近手寫的氛圍。尤其是傳統的手寫體，更能表現出優雅形象。

〔黑體〕

Dog and Cat

〔Goudy Text MT〕

黑體屬於厚重的字體，字串的區域會顯得又黑又重，表現出嚴肅的形象。

〔斜體〕

Dog and Cat

〔Bell MT Semibold Italic〕

這種字體最大的特色在於類似手寫體的裝飾性文字。只是單純將正體傾斜，並不能稱為斜體。

字體粗細和字體系列

粗字體較具男性化，給人重而有力的感覺，細字體則具女性化，給人纖細的印象。字體粗細的差別有助於表現內文的階層。接著就和字體系列的概念一起了解吧！

什麼是字型家族

字體粗細就是文字線條的粗細，當字體粗細不同時，即使是同樣的字體和字級，字串的呈現方式也會不同。所以同樣的字體，大多都會有多種字體粗細的選項，這些字體群組統稱為「字體系列」。基本上大的文字用粗的字體，小的文字用細的字體，這時使用相同字體系列，但不同字體粗細會呈現出統一性，不僅能表現出各元素階層的差異，也不會混雜不同設計的文字。

小塚黑體與細明體系列

〔Kozuka Gothic Pro〕

いいいいいい

左起為H（Heavy）/B（Bold）/M（Medium）/R（Regular）/L（light）/EL（Extra Light）。字體越粗越有力的感覺。

〔A-OTF Ryumin Pro〕

ぬぬぬぬぬぬぬぬ

左起為U-KL / EH-KL / H-KL / EB-KL / B-KL / M-KL / R-KL / L-KL。U是Ultra，EH是Extra Heavy，EB是Extra Bold的簡稱。

從Futura字體縱觀字體系列

字寬／粗細	壓縮體 Condensed	壓縮仿斜體 Condensed Oblique	標準體 Standard	仿斜體 Oblique
細 Light	ABC 細壓縮體	ABC 細壓縮仿斜體	ABC 細	ABC 細仿斜體
一般 Book			ABC 一般	ABC 一般仿斜體
中 Medium	ABC 中壓縮體	ABC 中壓縮仿斜體	ABC 中	ABC 中仿斜體
粗 Heavy			ABC 粗	ABC 粗仿斜體
特粗 Bold	ABC 特粗壓縮體	ABC 特粗壓縮仿斜體	ABC 特粗	ABC 特粗仿斜體
超特粗 Extra Bold	ABC 超特粗壓縮體	ABC 超特粗壓縮仿斜體	ABC 超特粗	ABC 超特粗仿斜體

要善用字體系列喔！
記得喔！
記得喔！
一定要喔！
汪！
喵～

歐文和日文字體一樣都有字體系列和字體粗細。但歐文字體最大的特色是，除了有字體粗細變化外，還有字寬變化。左表整理了Futura系列的字體粗細和字寬關係。「Oblique」指的是仿斜體。

將字體系列分門別類

字體過於複雜的版面會給人散漫的印象。為了避免混雜，最好使用同系列不同粗細的字體，並且分類使用，既可保持統一性，也能顯示每串文字元素的層級差異。

字體系列分類使用範例

〔A-OTF Shin Go Pro 系列的分類使用〕

これ1冊でレイアウトの基礎がわかる！ ─── 標題〔A-OTF Shin Go Pro B〕

「デザイナーズハンドブック レイアウト編」は、これだけは知っておきたいルールと基本を1冊にまとめた本です。 ─── 內文〔A-OTF Shin Go Pro M〕

這裡使用了A-OTF Shin Go Pro系列的不同字體粗細。最醒目的標題，用特粗（B）強調，內文則用中（M）排列。

〔A-OTF Ryumin Pro 系列的分類使用〕

これ1冊で**レイアウト**の**基礎**がわかる！ ─── 標題〔A-OTF Ryumin Pro L-KL＋H-KL〕

「デザイナーズハンドブック レイアウト編」は、これだけは知っておきたいルールと基本を1冊にまとめた本です。 ─── 內文〔A-OTF Ryumin Pro M-KL〕

運用一個字體系列的不同字體，就能排列出美麗的文字哦！

這是使用A-OTF Ryumin Pro系列的文字排版。採用與基本範例相反的作法，標題用比內文細的L-KL為基礎，只在特別想強調的地方用比內文粗的H-KL。雖然使用三種粗細，但由於都是同系列的字體，整體形成統一性，美觀又整齊。

〔Helvetica 系列的分類使用〕

With this book, I can totally get the basics of layout techniques. ─── 標題〔Helvetica Neue 85 Heavy〕

"Designer's Handbook : layout", is the book that compiles the rules and the basics that you should know. ─── 內文〔Helvetica Neue 65 Medium〕

書名〔Helvetica Neue 66 Medium Italic〕

使用Helvetica系列組成的範例。文章開頭以引號框起來的部分為書名。如範例所示，斜體只限定使用於強調、引用，以及標示作品名稱等。

表示文字尺寸的單位

線的長度會用公尺來表示,文字的尺寸也有獨立的單位。
排版的時候,會用「點」和「級」來指定文字尺寸。

點和級數

通常在排版時,都會使用「級」(Q)和「點」(pt)來表示文字尺寸的單位。「1級＝0.25mm」,假如指定「文字採用10Q」,就相當於將一個文字放入2.5mm平方的字身裡。字距和行距的單位是「齒」(H),它和級數一樣,「1齒＝0.25mm」。請記住1Q＝1H。「點」因為不同的系統和起源有多個種類,美式是「1點＝0.3514mm」,DTP式則是「1點＝1/72英寸」(約0.3528mm)。這兩種格式都可以在InDesign等排版軟體中選擇。

文字尺寸的單位為「級」

就用這本書來學習吧!

開玩笑的啦～

文字尺寸的單位為「點」

1	7Q	要首先 如果你想成為設計師,
2	12Q	要 如果你想成為設計師,首先
3	16Q	要 如果你想成為設計師,首先
4	20Q	要 如果你想成為設計師,首先
5	24Q	要 如果你想成為設計師,首先

5 17pt 要 如果你想成為設計師,首先
4 14pt 要 如果你想成為設計師,首先
3 11pt 要 如果你想成為設計師,首先
2 9pt 要 如果你想成為設計師,首先
1 5pt 首先要 如果你想成為設計師,

1〔7Q・5pt〕

7Q＝1.75mm,可換算成約5pt。這是讀者可以閱讀文字的最小尺寸。

2〔12Q・9pt〕

12Q＝3mm,可換算成約9pt。這個尺寸用於內文剛好,不妨把它當成標準值。

3〔16Q・11pt〕

16Q＝4mm,可換算成約11pt。適合兒童閱讀的內文尺寸,或是一般媒體的小標尺寸。

4〔20Q・14pt〕

20Q＝5mm,可換算成約14pt。適合幼兒閱讀的內文尺寸,或是一般媒體的大標尺寸。

5〔24Q・17pt〕

24Q＝6mm,可換算成約17pt。適合雜誌報導標題的尺寸,或是使用更大的尺寸做為標題。

23 日文與歐文的文字組合

這裡將著眼於同一篇文章中，混雜日文與歐文的狀況。基本原則是調整雙方字體，
到達協調的程度。不過也可以故意不調整，營造出不平衡的強調感。

日文與歐文字體的差異

由於日文文章中經常夾雜英文和數字，所以日文字體也包含專用的附屬歐文。在電腦上以日文輸入法輸入「半形」（正確來說是1byte）的英文和數字，就稱作附屬歐文。但是以字身為基準的日文字體與附屬歐文，或是其他歐文字體混在一起，有時候會不太協調，所以必須微調文字尺寸和位置。

比較Ryumin體的字面

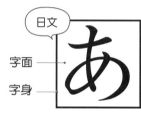

日文 ／ 字面 ／ 字身

日文的假名和漢字，其字面通常會占滿整個字身。（※視字體和文字而定）

歐文 ／ 字面 ／ 字身 ／ 數字

將歐文或數字放進上方的日文字身中比較看看吧！可以看到附屬歐文即使用同樣的字體和字級，歐文和數字的字面還是比較小。

日文字體與歐文字體的調整方法

〔只用日文字體（Ryumin R-KL）將日文和歐文排在一起〕

> 23時になると、Ponは言いました。「Kaoriちゃん、ぼくと一緒に3000個のピーチパイを探しに行こう」。1匹と1人の冒険のstartです。

基線

歐文和數字比較小呢！

這裡只用日文Ryumin R-KL體做文字排列，歐文則是使用Ryumin R-KL的附屬歐文。如果不做任何調整，日文和歐文的大小與基線會不一致，看起來不太協調。基本上歐文的字面比日文小，所以必須調整文字尺寸或基線，直到看起來大小相同為止。

〔歐文放大 108％ 基線位移 0.5H〕

23時になると、Ponは言いました。「Kaoriちゃん、ぼくと一緒に3000個のピーチパイを探しに行こう」。1匹と1人の冒険のstartです。

將歐文尺寸放大108％，調整成和日文看起來相同大小。接著再調整基線，改變歐文的對齊位置，和日文齊平。這樣日文和歐文看起來比調整前更協調。

看得出來不一樣嗎？

如何？

〔將歐文字體改成 Bodoni Book 放大 118％ 基線位移 0.5H〕

23時になると、Ponは言いました。「Kaoriちゃん、ぼくと一緒に3000個のピーチパイを探しに行こう」。1匹と1人の冒険のstartです。

不用日文字體的附屬歐文，而是將歐文更換為「Bodoni Book」字體。為了表現變化、設計性和易讀性等因素，將日文和歐文字體組合使用，稱為「和歐文混排」。文字尺寸和基線也和附屬歐文一樣要進行調整，若要完美協調日文和歐文字體組合，調整的量會不一樣。因此視字體狀況，考慮適當的放大和基線位移是十分重要的。

Attention1
注意汪！

放大字級
使文字變粗

調整歐文時，放大尺寸會使文字變粗，有時會與日文字體產生粗細不同的違和感。從下方範例就能看出，當文字字級越大時，差別就越明顯。

〔Futura Medium 28Q〕　〔Shin Go R 28Q〕

PIEの町

日文和歐文採用相同字級。歐文稍微小一點，需調整到協調的程度。

〔Futura Medium 32Q〕　〔Shin Go R 28Q〕

PIEの町

歐文字級放大。雖然大小統一，但歐文的線條變粗了。

〔Futura Book 32Q〕　〔Shin Go R 28Q〕

PIEの町

將歐文改成較細的字體粗細，統一日文和歐文的線條粗細。

Attention2
注意喵～

附屬歐文不應使用
全形的英文和數字

附屬歐文的英文和數字不應使用「全形」（2 byte）輸入。附屬歐文與日文相同，是以字身標準設計英、數字。

〔摻雜全形的附屬歐文，使文字排列變得很奇怪〕

RED, GREEN, ＢＬＵＥが「光の三原色」で、ＣＹＡＮ, MAGENTA, YELLOWが「色の三原色」です。

〔將附屬歐文全部改成半形文字排列〕

RED, GREEN, BLUEが「光の三原色」で、CYAN, MAGENTA, YELLOWが「色の三原色」です。

24 設定適合的行間和字間

想排出易讀的文章，重點就在於設計適當的行間與字間。
我們先將最適合的設定值作為標準，再配合字體和行長等狀況來調整吧！

易讀的行間

內文若有一定程度的文字量，則兼顧文字量與版面空間之下，同時確保適當的行間，是十分重要的。為了讓文字易讀，行間必須是文字大小的0.5～1倍左右，以行距表示的話，則是文字大小的1.5～2倍。如果使用字面較大的字體或行長較長時，行間就要加寬一點。行長較短時，行間縮窄會比較易讀，且使用字面小的字體，應注意行間不要放得太寬，以免造成鬆散的印象。

思考適合的行間

橫排

〔行間太寬〕

兩個人相親相愛地住在
一起，可是有一天，他
們吵架了。

級數13Q 行距40H

〔行間剛好〕

兩個人相親相愛地住在
一起，可是有一天，他
們吵架了。

級數13Q 行距19.5H

〔行間太緊〕

兩個人相親相愛地住在
一起，可是有一天，他
們吵架了。

級數13Q 行距15H

行間太寬或太窄都不易閱讀。一個標準的行距，可以設為文字大小的1.5～2倍左右。不同字體或行長適合的行間都不同，粗體、大字面和行長較長時，行間須比細體、小字面和短行長更寬。

直排

〔行間太寬〕

兩個人相親相愛地住在一起，可是有一天，他們吵架了。

級數13Q 行距40H

〔行間剛好〕

兩個人相親相愛地住在一起，可是有一天，他們吵架了。

級數13Q 行距19.5H

〔行間太緊〕

兩個人相親相愛地住在一起，可是有一天，他們吵架了。

級數13Q 行距15H

直排的版面和橫排一樣，要保留適度的行間。先以文字大小的1.5～2倍為基準設定行距。一般而言，以單行本或文庫本等為媒體的直排小說，為了閱讀的舒適度，便會確保足夠的行距。

生氣！ 生氣！

按字身大小緊密連接且沒有進行調整的文字排列方式稱為「密排」。這是最一般的排列方法，字間為0齒，字距與文字大小相當。但若是遇到字面較小的字體，文字間隔會顯得分散，這時可以將字間平均的緊縮1齒或0.5齒。相反地，也可以均等的拉寬字間，排成鬆散的樣子。在標題方面，可運用比例緊排，配合相鄰文字的字面呈現，各別改變文字間距。比例緊排會使每行字數不相同，因此對使用框架格點排版的內文來說，並不是基礎的排版方式，不過因為種種因素，現在許多媒體都會使用這種方式。

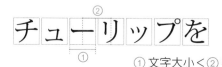

和好如初囉！

各種字間的調整方法

送上最喜歡的鬱金香當禮物，兩個人立刻就和好如初了。

好如初了。
送上最喜歡的鬱金香當禮物，兩個人立刻就和

〔密排〕
字間按0H排列字身，就像作文稿紙的方法。字距與字級相當，也是日文排版時最標準的文字排列方法。

チューリップを
② ① 文字大小＝② 字距

送上最喜歡的鬱金香當禮物，兩個人立刻就和好如初了。

好如初了。
送上最喜歡的鬱金香當禮物，兩個人立刻就和

〔等距緊排〕
緊縮文字一定間距的排列方式，稱為「等距緊排」。通常緊縮1H或0.5H。以格點排版時，行長會比密排時短。

チューリップを
② ① 文字大小＞② 字距

送上最喜歡的鬱金香當禮物，兩個人立刻就和好如初了。

就和好如初了。
送上最喜歡的鬱金香當禮物，兩個人立刻

〔等距疏排〕
加寬文字一定的間距，以及拉長行長的排列方式，稱為「等距疏排」。使用頻率比緊縮排列低，但卻是有效使文字看起來鬆散的方法。

チューリップを
② ① 文字大小＜② 字距

送上最喜歡的鬱金香當禮物，兩個人立刻就和好如初了。

好如初了。
送上最喜歡的鬱金香當禮物，兩個人立刻就和

〔比例緊排〕
不管字身空間，將相鄰字面的間隔緊縮一定間距，使字距不相同。所以每個文字、字體、各個位置最理想的間距、字數和行長都會變化。

チューリップを
②
①

版面與文字

突顯文字的方法

以版面設計為例，「主標題」或「標提」需明白表現出版面概要，所以必須最引人注目。
這一單元中，我們來思考突顯文字的方法吧！

吸睛的設計

「主標題」或「標題」主要是用來向讀者表達頁面內容在寫些什麼。某些媒體的「標語」或「口號」也帶有相同的功能。通常主標題會用比內文短的文字來表現，好讓讀者能立即掌握版面整體的樣貌。所以為主標題做設計，能讓讀者在翻開頁面時，就率先被標題吸引目光，接著將視線流暢地引導到整個版面。突顯文字最簡單的方法就是放大文字尺寸，但其實還有各式各樣的方法，也能達成一樣的效果。

突顯文字的方法

〔同字體‧同字級〕

夏季停業通知
8月10日（一）～8月16日（日）
盛夏時節，祝福各位貴賓，身體日益健康。

〔同字體‧只放大標題〕

夏季停業
通知
8月10日（一）～8月16日（日）
盛夏時節，祝福各位貴賓，身體日

原則上放大字體來排版，自然比用小的文字，更容易受到注目。大膽地將主標題放得比內文大，使主標題引人注目。

〔改變標題字體粗細‧只放大標題〕

夏季停業
通知
8月10日（一）～8月16日（日）
盛夏時節，祝福各位貴賓，身體日益健康。

〔改變標題字體粗細‧改變標題行間〕

夏季停業

通知
8月10日（一）～8月16日（日）
盛夏時節，祝福各位貴賓，身體日

改變字體粗細，可以明確區隔出主標題與內文的差異，也可以變得更加醒目。接著再加寬行間，擴大主標題配置的空間，也能吸引注意力。

〔改變標題字體‧只放大標題〕

夏季停業
通知
8月10日（一）～8月16日（日）
盛夏時節，祝福各位貴賓，身體日

〔改變某些文字字級〕

夏季停業通知
8月10日（一）～8月16日（日）
盛夏時節，祝福各位貴賓，身體日

字體的變更或是將它商標化，都能加強效果。不過在這種調整上，就要顧到文字的辨識性，也要重視如何展現版面形象。

◤調整比例　主標題是版面的標誌，大多都會設計得較大且醒目，所以須特別注意它的美觀。若是主標題組合雜亂，便會容易引起誤解，也會讓整個版面包含內文都令人不值得信賴。讓我們一面視比例的平衡狀態，進行符合版面方向的調整，讓整體更加美觀吧！

〔密排〕

　行首不對齊　　　　片假名、拗促音、標點符號的前後太空

「トラフィック
HIGHWAY」10月
ついに映画公開！！

通常主標題的文字量少，會排成一行或斷行，不像內文會用框架格點排列。一方面是因為主標題放大的情形較多，所以用比例緊排的方式較能發揮效果。通常密排會使字間不統一，但若是著眼於字面，改變每個字間並加以調整，就能呈現出均等的狀態。尤其是片假名、拗促音和標點符號的前後，容易看起來太鬆散，所以必須仔細調整。

〔調整文字間距〕

「トラフィック
HIGHWAY」10月
ついに映画公開!!

縮小
「トラフィック
拉開
HIGHWAY」10月
拉開
ついに映画公開!!

時而緊縮時而拉開，進行細微的調整。

好期待這部電影喔！

標點符號和拗促音

標點符號就是句點、逗點、括弧、驚嘆號、問號所代表的各種符號。拗促音是指縮小標示的「あ」、「い」、「う」、「え」、「お」、「や」、「ゆ」、「よ」、「つ」的平假名或片假名。各符號和拗促音的前後，若是以密排方式排列會使空白特別明顯，因此像主標題等醒目的部分，最好縮小文字間距。比例緊排是依視覺調整文字間距，若是緊縮的太多，就會和其他文字黏在一起，無法發揮原有區隔文字的任務，所以必須仔細調整到適合的位置。

〔括弧類〕

（）〔〕｛｝【】 " "

〔連接符號〕　　〔斷句符號〕

… ‥ ・ ：；、。！？

〔其他〕

＠ ♯ ％ ＆ ／ ＋ *

＊經常使用的標點符號列在122、123頁。

思考文字元素的功能

除了內文和標題之外，版面還會配置多種樣式的文字元素。
我們必須了解每種文字元素的功能，調整成適合它的樣式。

各別的功能與樣式

這裡列舉出小標、頁碼、書眉、圖說等四項主要文字元素的範例來進行解說。小標雖然不需要像大標保留那麼大的間距，但還是要讓人一眼就能理解內容，所以有時也會將小標設置在內文的行首。頁碼就是每頁的號碼，而書眉則是頁面內標示出書名或章名的文字。這幾項元素都不能干擾內文等主體部分，所以設定樣式上不能太過誇大。圖說是針對圖片的說明文字，文字大小通常會比內文小。

小標的樣式

〔同字級‧同行間〕 　橫排

春天為什麼會想睡覺。
就如「春眠不覺曉」這句話所說，春天總是會昏昏欲睡。舉目而望，不論是狗、貓、鳥、蛙、女孩子、男孩子，大家全都是一副睡眼惺忪的

〔字級放大‧占3行〕

春天為什麼會想睡覺。

就如「春眠不覺曉」這句話所說，春天總是會昏昏欲睡。舉目而望，

〔字級放大‧占4行‧內縮1字〕

春天為什麼會想睡覺。

就如「春眠不覺曉」這句話所說，

小標應利用文字大小、字體、字體粗細等功能來製造出區別，避免與內文混淆。標題有時會分成大標、中標、小標等多種設定，應按照各別的大小順序變化樣式。以內文為基準，挪出數行空間，或是將第一字「內縮」的方法都很有效。

直排

〔同字級‧同行間〕

春天為什麼會想睡覺。就如「春眠不覺曉」這句話所說，春天總是會昏昏欲睡。舉目而望，不論是狗、貓、鳥、蛙、女孩子、男孩子，大家全都是一副睡眼惺忪的樣子。這也是

〔字級放大‧占3行〕

春天為什麼會想睡覺。

就如「春眠不覺曉」這句話所說，春天總是會昏昏欲睡。舉目而望，不論是狗、貓、鳥、蛙一副睡眼惺

〔字級放大‧占4行‧內縮1字〕

春天為什麼會想睡覺。

就如「春眠不覺曉」這句話所說，春天總是會昏昏欲睡。舉目而望

呼…呼…

◤頁碼和書眉的樣式

頁碼和書眉是特殊的文字元素，通常配置在邊界內（版心外），以提高搜索性。整本頁面都需依循同樣的文字排法，通常會設定比內文小，充分保持與版心之間的空間。

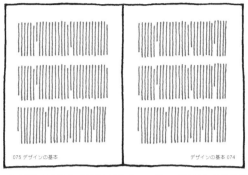

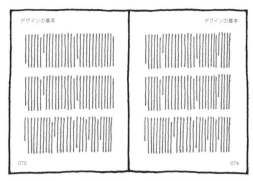

此例為頁碼和書眉統整在一起，設置在版面的地腳／外邊的位置。兩者之間設約全形一半或兩個文字寬的空隙。

此例為統一在外邊附近，並各別配置在天頭和地腳的位置。通常是書眉在上，頁碼在下。

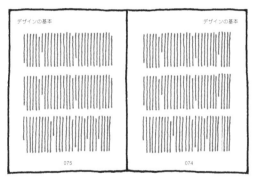

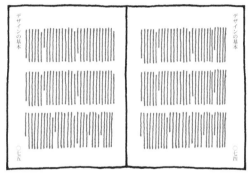

此例為書眉在天頭／外邊，頁碼在地腳／中央的位置。有時也會讓頁碼靠近外邊，書眉置中。

頁碼和書眉也可以直排配置在外邊。通常頁碼用國字記載比較易讀。

◤圖說的樣式

圖說是照片、插畫、圖解等的補充說明，最重要的是與對應圖片之間的間隔設定。雖然應該配置在圖片附近營造關連感，但須注意保持適當的空白，以免干擾圖片。

○

這是適當的圖說例子。行長對齊圖片寬度，增加整體感，給人工整的印象。

✕

圖說太接近圖片。若不能保持適度的空白，圖片和圖說都會變得不易閱讀。

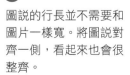

○

圖說的行長並不需要和圖片一樣寬。將圖說對齊一側，看起來也會很整齊。

△

這個例子雖然是靠左對齊，但圖說比圖片寬度更長。原則上應避免這樣處理。

思考圖片的排版方式

版面配置的圖片,是利用視覺更清晰傳達訊息的重要元素。
試著整理各張圖片的功能與性質,找出最適合的排版方式吧!

變化照片的形狀

這裡我們以頻繁出現在版面中的照片為例。因為版面空間有限,而且還必須加入文字等多種元素,所以很少會不做加工,原封不動的將照片配置進去。通常會考慮與其他元素的比例,將照片變更尺寸,或是部分切割放入版面中。除非有特殊的意圖,否則即使是「加工」,也應該避免改變照片對象本來的長寬比。此外,加工的時候若是將照片主體的部分遮蔽起來也是NG的。正確且有效地表現照片的竅門,正是設計師展現功力的地方。

處理照片的形狀

〔方形剪裁〕
不管有沒有部分裁切,維持照片「四角形」的狀態,統稱為「方形剪裁」。這種形狀能給人堅硬的印象。

〔圓形剪裁〕
用圓框將部分照片裁切掉的狀態,稱為「圓形剪裁」。比方形剪裁給人更多加工感,同時也有聚焦的效果。

〔去背〕
沿著主體輪廓,將照片裁剪下來處理。這種方式能強調主題或形狀,同時也是為版面增加動態的好技法。

照片形狀的變化

〔方形剪裁的圓角〕
將方形剪裁的四角修圓,轉變成較柔和的印象,是介於方形剪裁與圓形剪裁的一種處理方式。

〔方形剪裁的陰影〕
在照片的外框加上陰影,可以在版面上呈現立體感,展現近似老舊照片的效果。

〔方形剪裁框〕
用裝飾框將照片收入框格中處理。帶有脫離版面,獨立出來的氛圍。

〔加入背景的粗略去背〕
不緊貼主體的輪廓,而是粗略切割周圍,比沿著輪廓去背更有臨場感。

◤裁修

裁修是剪取部分照片的處理方法。
這種方式除了能把照片內不要的部
分剪掉外，還能變更構圖和照片的
長寬比，或是偏重某部分，以達到
主題更明確的目的。為了將照片配
置在空間有限的版面中，裁修是必
要地處理。這裡介紹幾個代表性的
範例。

〔原始照片〕

〔等比例裁修〕

將人物的上下左右等
比例的裁修，做出偏
向中央的構圖。

〔留白裁修〕

偏向特定方向裁修，會
使主體位置和留白等構
圖有很大的改變。

〔直橫裁修〕

將直向照片上下大幅裁
修，改變照片本身的長
寬比，形成橫向照片。

◤什麼是出血

若想讓照片盡可能地放大，使版面充滿
張力感時，就會需要設定「出血」。通
常版面元素都會配置在完成尺寸內，當
特殊情況下，需要做滿版配置時，為了
防止裁切誤差造成偏移露出白邊，會將
照片延伸至比完成尺寸多3mm左右的
外側做出血。

裁切線

完成尺寸

〔方形剪裁〕

〔跨頁滿版出血〕

〔單頁滿版出血〕

照片的配置方式形成不同印象

同樣的素材經過不同的配置，整個版面的觀感也會截然不同。
這裡介紹幾種代表性的格式，作為排版的範例。

◤ 照片的配置與印象

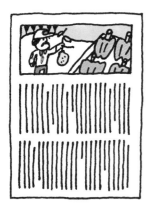

〔照片配置在版面上方〕

版面上方的元素通常比較容易引人注目。將照片配置在上方的方式，可運用在以視覺表現為主的版面上。但如果配置在上方的照片有沉重感，就會給人稍微頭重腳輕的印象。

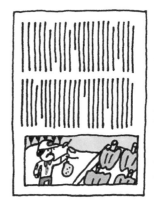

〔照片配置在版面下方〕

將照片配置在版面下方，比較能營造出安定的印象。可運用在以內文為中心，希望讀者靜下心來閱讀的結構頁面，照片含有較強的內文補充的含義。

〔照片配置在版面中央〕

把照片擺放在中段，並將內文分別配置在版面上方和下方。版面整體構圖對稱，給人安定的感覺。但因為內文分開在較遠的位置，所以同時也形成一種帶有動態的特別版面。

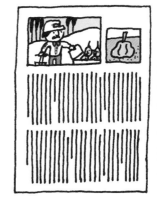

〔改變多張照片尺寸〕

配置多張照片時，若是將照片調成不同大小，就會產生優先順序和節奏。大尺寸的照片比較容易引起注意，能讓人感覺其重要性，所以通常會將主圖放大處理。

〔統一多張照片尺寸〕

若是將多張照片全部配置成相同的尺寸，就會顯示出這些照片的優先順序是平等並列的關係。雖然會給版面帶來安定和重覆的節奏感，但因為容易產生單調的印象，所以必須特別注意。

〔變化斜度配置照片〕

將照片調整斜度配置的話，可藉著與其他元素或版面整體的水平和垂直性協調，展現出活力和躍動感。這樣的版面能給人歡樂、不厭倦的感覺，但也必須注意不要流於散漫的印象。

處理照片的注意事項

關於照片的處理，有許多應遵守的規則，必須充分留意。
這裡用具體的範例來介紹幾個代表性的注意事項。

注意跨頁的照片

照片可以配置在版面的任何位置，但只有印刷媒體必須注意裝訂後內邊的接合。由於紙頁裝訂會使配置在內邊附近的圖不易看到。照片跨頁刊載是沒有問題的，但是要善用裁修技巧，不要讓照片主體被裝訂線壓到。尤其是人物照片，應謹慎處理，以免帶來意想不到的麻煩。

主體的視線

照片主體本身的方向性或動作，也是配置照片時應該考慮的要點。人物的視線尤其重要，視線前方的領域若是寬廣，可以給人安定感。另外對談式的文章中，將主角人物配置在面對面的方向，比較能產生臨場感。不過這並不是非遵守不可的規則。

裁修

裁修的重點在於，明確地保留應該留在框中的部分，剪去不需要的部分。注意避免留下不完整的主體，造成違和感。

原始照片

〔注意解析度〕

現在的圖片大多都儲存為數據資料，所以想在版面上把照片放大到何種程度，是由圖片數據的解析度來決定。將原始圖片大膽裁修，並部分放大時，該部分的畫質會變粗，所以應該避免過度裁切或放大處理，並正確判斷最大限數值。

在版面中活用顏色

顏色對人類的視覺和心理都有強大的影響作用。
對版面來說，顏色也是很重要的元素之一，可善加利用於組織資訊和展現版面氛圍。

顏色在版面中的功能

版面中，顏色的功能大致可舉出兩個重點。第一個功能是顯示元素的分類與關係性，或是組織資料，突顯特定元素。另一個功能是利用配色表現的形象，反映在版面上，影響讀者的印象。版面配色絕對不可心血來潮、無意義的選擇顏色。雖然對藝術來說，顏色有很大一部分是靠感覺，但是在版面上，配色需留心突顯的目的和意圖，選出具功能性的組合。

用顏色分類資料

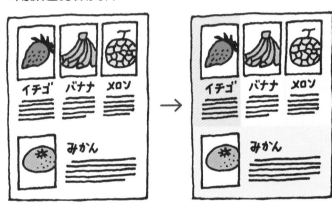

將多個元素搭配相同顏色，容易讓人辨別彼此之間的強烈連結性或相關性。反之，將不同元素配上不同顏色，能顯示它們屬於不同的分類。這就是運用顏色組織資訊的一個例子。左例中，在沒有顏色的狀態下，每個元素之間的區隔不容易理解，但是各別搭配顏色後，就能一目了然每個領域包含哪些元素。

用顏色強調、突顯元素

哇～

放大元素的尺寸，在版面中就會顯得更突出，不過同樣運用配色的巧思，也能達到相同效果。這也是用顏色組織資訊的一種方法。當周圍的元素幾乎都是單色調的狀態下，只在一部分選擇醒目的顏色，就能讓讀者注意力集中在上面。左例中，只把「50％OFF」設定為紅色，讀者立刻就能辨別那裡是重點，也能容易理解版面的內容。

用顏色做重點標示

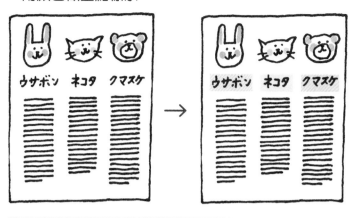

重點標示是指在規律且單調的狀態中加入一點變化，增加層次的效果。顏色也有所謂的重點標示，一般稱之為「重點色」。運用重點色可以和版面主色調形成對比，做出變化。在時尚界的領域中，「重點色」通常被稱為「點綴色」，具有襯托整體的效果。這種方法不能使用的太頻繁，重點運用就能有效地發揮。

利用對比改變印象

組合兩種以上顏色來使用時，顏色的選擇會給讀者帶來完全不同的印象。舉例來說，選擇紅色系和綠色系的對比色，會讓人認為元素帶有對立感，或是有明確的區別。但如果使用同一色調或同色系的顏色，則會讓人覺得有同化或團體感。

顏色與可讀性

版面的文字大多用墨色（黑色）來處理，改變顏色可以表現特定的形象，或有助於組織資訊。但為文字配色時，如何讓文字不難以閱讀是一大重點。尤其是明度和濃淡，例如配置在白底的文字，若是淡色系，雖然可以呈現柔和的形象，但卻會變得不易閱讀。此外，另一個影響閱讀性的是和底色的平衡，配置在白底不易閱讀的淡色系文字，若是配置在黑底反而能提高辨識性。所以需要考慮的不只是文字本身的顏色與周圍的關係性，還有為文字選擇易讀的顏色才是上策。

〔黑色字〕　　〔明度低的文字〕　　〔明度高的文字〕　　〔淡而明亮的文字〕

コロッケ パン	メロン パン		

高 ←――――――――――― 可讀性 ――――――――――→ 低

看得清楚！

看不清楚…

影響版面氛圍的選色

決定以什麼為基準來選色後,配色就很容易進行了。
我們就以主視覺的色相,以及想在版面表現的主題為軸心來配色吧!

選色(配色)的重點

版面的配色需考慮讀者的年齡、性別、嗜好和版面想表現的方向性進行。全彩印刷的媒體,基本上會組合兩種以上的顏色來搭配,但是必須考量這些顏色的平衡。一個版面使用太多不同的顏色,會陷入散漫的印象,想要傳達的訊息內容也會變得含糊不清。所以應該先明確地設定主題色或關鍵色作為選色的軸心,或以同色調來統一使用色,達成美觀且協調的配色。

從主視覺來思考選色

〔原始〕
從版面主視覺的照片中,抽出顏色作為配色主軸也是一種方法。這裡舉出的例子中,擔任主視覺的梅花,其象徵性的顏色是桃紅和淡粉紅。所以我們就以這兩色作為主軸,來思考適合標題文字的配色。

〔同色系〕
將主標題顏色選擇和照片一樣同色系的桃紅色。這種配色方式可以使版面產生整體感。

〔同色調〕
將主標題選擇與主軸粉紅色同色調的顏色。黃綠色的色相雖大不相同,但是色調一致,也能產生整體感。

〔對比色〕
主標題採用深綠色,正好與主軸的桃紅色成為對比色。這種配色可以增加層次感,但注意不要過度吵雜。

顏色不同，版面的氛圍也截然不同呢！

真的不一樣喵～

從版面的主題思考選色

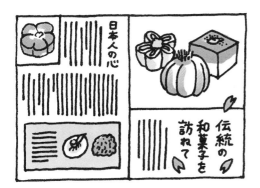

〔主題：和式〕　●●●

刊載和式題材或想展現和式氛圍時，利用日本傳統色能有效地表現出效果。和色能直率的表現和風形象，它與日本的侘寂（Wabi-sabi）關係很深，能表現出帶有沉靜的緊張感。

〔主題：義大利〕　●●●○

以特定國家為主題的版面，可以使用該國自然或文化特徵的顏色凝聚形象。參考國旗色等具象徵性的標誌也很有效。這個例子裡，利用三色旗（綠、白、紅）的顏色，表現義大利的形象。

〔主題：春〕　●●　●

展現季節感也是配色時的要點之一。春天發行的刊物或內容以春為主題，適合使用令人聯想到櫻花的淺粉紅，或是柔和色調的粉彩系列。靈活運用暖色與冷色的搭配，就能掌控版面上的溫暖與寒冷形象。

〔主題：高級感〕　●●●

顏色也可以表現抽象的形象，例如沉穩有深度的顏色能展現高級感，花俏的原色等容易展現廉價感。以優質為訴求的商品廣告裡，應注意媒體的特性來使用顏色，如可以表現高級感的顏色等。

對齊

從這篇開始
說明版面的
理論哦～

透過對齊文字和照片等元素來確立關連性，如此一來，
資訊較容易理解，且版面也會產生規律性和井然有序的美感。

產生關連性、統一性和秩序效果

若想在有限的空間裡，高效率地傳達資訊，第一步最需要做的是「對齊」的概念。要讓元素對齊，就必須整理資訊，思考各個元素的意義，以及版面整體想要傳達什麼。若將多個元素零散的配置，則看不出每個元素連貫的意義，但是一致性的配置，能產生比較或關連性，進而創造出意義，視覺上也較容易理解。此外，即使是照片或文字等不同種類的元素，若能以其中一個為基準，對齊中線的話，整體就會產生秩序，成為美觀的版面。對齊的種類有「靠左對齊」、「靠右對齊」、「置中對齊」等。

 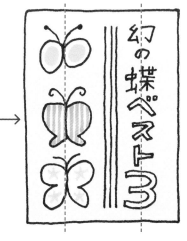

〔對齊排列〕
如左圖，隨機配置元素（蝴蝶）會使讀者不知該把視線放在哪裡。右圖中，將元素整齊地排成直排，向中線對齊，產生關連性。等間隔的配置，能使各個元素間的差異容易理解。文字也配合元素直排且置中對齊配置，使整體版面產生統一性。

 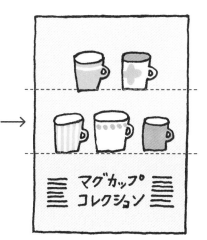

〔對齊方向〕
如左圖，元素（馬克杯）是隨機排列的，無法感受到它們的連貫和關連性。右圖則是讓元素的方向一致，使各個元素產生關連性，資訊也變得容易整理，能有效地向讀者傳達主題。此外，對齊元素底下的線，能讓版面給人整齊的印象。

版面的理論

重覆和節奏

重覆元素較容易給人留下印象，若再加上節奏就能產生舒適感。
接下來就來挑戰製作出充滿躍動感且令人印象深刻的版面吧！

重覆的必要條件與節奏的製造方法

重覆配置元素容易讓人留下印象，版面也較容易理解。若是想讓讀者辨認出重覆的規則性，就必須從各個元素的形狀、大小、顏色和色調中建立一個共通點，並依據一定法則來配置，就能產生統一性，成為好懂的版面。重覆雖能表現統一性、秩序和端正，但偶爾也會造成「單調」、「無聊」的印象。這時可以在「重覆」中加入「動態（變化）」。帶出動態的手法有很多種，像是大小、位置、顏色或形狀等，在重覆中加入有規則的動態就會產生出節奏。

〔相同形狀的重覆〕

〔上下錯開帶出節奏〕

〔區分大小帶出節奏〕

以同樣的配置重覆排列形狀和尺寸都相同的方形剪裁照片，就會形成端正、沉穩的版面。記述資訊的內文也按同樣的規則重覆配置，讓讀者的視線不會在版面中迷失。另一方面，可以試著將元素上下移動，使版面產生節奏。右圖的版面是上下上下重覆的節奏，能帶出舒適和輕快感。下圖則是將各個元素做出大小的差別，並且傾斜配置。雖然乍看像是隨機配置，但從圖片的尺寸來看，還是能察覺出大小大小的規律性，讓版面給人活潑又年輕的印象。

真的耶～

素材相同，
印象卻完全
不同喵～

34

對比

張弛有致且充滿動態的版面,絕對少不了「對比」的效果。
它可以讓想展示、想傳達的內容更明確。

什麼是對比啊?

好興奮汪!

對比的方法有很多

對比又稱為反比。尺寸的大小、直線、曲線、物體的方向和遠近等都可以產生對比。以照片來說,有方形剪裁和去背、微距特寫和廣角構圖等可以產生對比。顏色的話,則有明度、彩度和濃淡。將構成元素做出對比的話,就能讓想表現、想傳達的訊息變得更清晰,版面也會更加活潑。此外,也能為版面主題增加層次。對比元素的差距越大,版面就越有動態,越能表現出層次。反之,如果差距越小,版面就越穩定且給人保守的印象。所以從版面的主題思考或是想達成的形象來選擇一個適宜的方法吧!

〔大小的對比〕
左圖是均等配置相同大小且圖案類似的方形剪裁圖片。雖然版面沉穩,但無法給人留下印象。而右圖的版面則是放大了其中一張圖片,製造大小差別,形成對比,讓整個版面的衝擊性變強了。

〔粗細的對比〕
同一段文句,只改變部分文字的粗細,就能創造出強弱的差別。若所有文字都一致不變的話,會顯得太過正常且印象平淡。在應該強調的單字上,加粗文字,突顯出應聚焦的部分,形成吸引讀者目光的構圖。一般來說,較重要的文字會放大或加粗。

重點標示

增加微小的變化能讓整體印象更有張力，或是變得更加華麗。
靈活運用重點標示，是使版面更上一層樓的祕訣。

鎖定目標做重點標示

重點標示是幫助單調且缺乏變化的版面強化印象和吸引目光的手法。增加重點標示是指在顏色、形狀、尺寸和質感等方面做變化，使它與其他部分產生差異。通常重點標示都是用在想突顯的部分，但若是太頻繁地使用，會讓整體版面變得雜亂無章且庸俗，或是想突顯的重點反而被埋沒。此外，即使重點標示數量不多，也有可能因為太過強烈，而使得主要元素變得暗沉，破壞整體調性的平衡。運用重點標示時，最好是在鎖定目標、考慮整體平衡之餘，把它用在最想強調的地方效果最好。

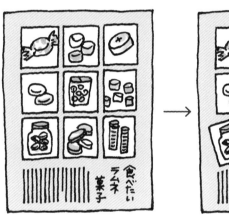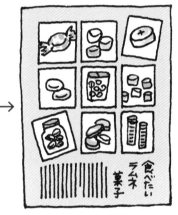

〔變動圖片的重點標示〕
如左圖，同樣大小的圖片等間隔排列，雖然給人端正的印象，但是有點太死板了。試著變動右上和左下的兩張圖片。只要調整圖片的角度就能產生輕快感，給人新鮮的感覺。圖片尺寸並沒有改變，還是維持同樣大小，所以不會減損原本端正的印象。

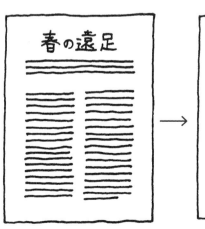

〔在文字上加底色的重點標示〕
主標題和內文的文字，雖然有大小之別，但全部用同色調的配色，給人樸素、冷硬的印象。但如果是在主標題的部分鋪上底色的話，就會立刻轉變成亮麗的印象。使用重點色時，空間與顏色濃度的關係也很重要，若是空間太寬且濃烈的話，會給人太強烈的印象。最好是濃度深時縮小，濃度淡時稍微放大較為適當。

改變文字本身的顏色，也有重點標示作用喲！

平衡

怎樣才是平衡的版面呢？祕訣就在於「三角形」構圖。
不破壞人的自然視線走向，給人安定、安心感的構圖就是平衡的版面。

平衡感極佳的三角形構圖

「平衡」意味著平均、均衡，欠缺平衡的版面會顯得不安定、不協調，讓讀者產生不安的心情。基本版面是將元素左右均等的配置，產生安定感，但是在上下方面，將重心放在上或下方，比起均等配置更加重要。配置的平衡可以把它想像成三角形，就能容易理解了！把重點元素當成點，用直線連結點時，若是能形成三角形，那就是理想的構圖。三角形構成的版面，能自然地引導視線，不管重心在上還是在下，在讀者眼中都是平衡且美觀的。

〔重心在下的三角形構圖〕
重心在下的版面，也就是在三角形下方空間配置主要圖片的構圖。一般來說，版面中的圖片和文章相比，圖片的視覺性效果比較高。這個例子就是依據印象的強度，而非空間的大小，將重心放在下方。因為重心在下方，所以整體穩重，給人安定的感覺，可算是左右均衡且沉穩的版面。

原來是三角形構圖啊！

喔～

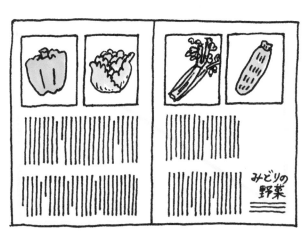

〔重心在上的逆三角形構圖〕
重心在上的版面，也就是在逆三角形上方空間配置主要圖片的構圖。由於維持三角形構圖，視線的走向很順暢，雖然上下相反，安定感較低，但版面反而有了動態。維持三角形構圖，但改變角度或方向，可以表現躍動感和鮮明感。

版面的理論

融合

將形象、形狀、顏色截然不同的元素湊在一起，營造出整體感的設計，就是「融合」。
採用同樣背景色、裝飾等製造出共同點，就能產生融合，資訊傳達也比較容易。

零零散散的狀態無法傳達資訊

　　讓多個元素產生關連並配置在一個版面時，就必須用「融合」的概念。如果不思考內容的關連性，讓元素隨便配置的話，很難將意義傳達給讀者。想要製造融合效果，可以將有共同點的元素就近整合，關連性較低的元素拉開間隔，給予同樣的色塊或底色。此外，一致性的裁修方法和增加共同圖標等也都能達到相同效果。利用這些技巧能將資訊整理起來，產生整體感，藉此製作出明快、好懂的版面，讓讀者能立馬看懂頁面想傳達的資訊。所以排版的第一步就是找出各個元素的共同點。

〔用底色融合零散的元素〕
左圖的元素有大有小，且零散地配置在版面上，彼此之間無法產生關連性。但如果在各個元素的背景鋪上同樣底色，就能產生融合效果，使版面具有整體感。

〔用裝飾融合零散的方形剪裁圖片〕
左圖是由大小不同的縱向和橫向圖片組成，這樣的版面沒辦法感受到圖片之間的連結。這時用裝飾性的數字作為圖標點綴，使圖片之間產生關連性，帶出版面的融合效果。

網格系統

製作資訊量多的頁面時，網格系統能有效地發揮功能。
運用網格系統排版，可以製作出具規則性且端正的版面。

類似方眼紙的概念

網格是將版面空間垂直、水平分割成格狀的概念，類似方眼紙。網格系統就是沿著格狀分割的區域，有效率地配置元素。將文章或圖片等構成元素對齊網格，就會產生規則性，即使有很多複雜的元素，也可以產生具有統一性的清爽版面。尤其是頁數多的雜誌，最能發揮效果。但是只有大網格的話，雖然有統一性卻單調，只有小網格的話，自由度雖然提高，卻有不利統一性的危險。網格經由組合，可以創造出各種變化，不妨動腦筋想想怎麼運用。

〔將一頁分割成 15 塊的網格系統〕

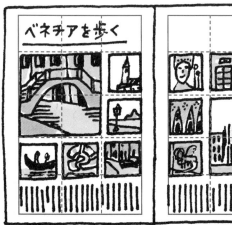

將圖片整理成天、地、中央三欄，以網格為基準，調整相片大小。靠近天頭的第一欄配置主標題和留白，給人開闊的印象。歸納配置的圖片較容易傳達形象。

像這樣嗎喵～

還有很多其他型式哦！

右頁第一欄是主標題，下方則是沿著網格均衡分配的文字和圖片。適合資訊量多，或是介紹各個元素的版面。

左右頁靠近內邊的兩欄，沿著網格排列多張圖片。採取對稱的構圖能容易比較，並且加深對資訊的理解。

版面的理論

自由排版

想製作出具有動態且有力的版面時，自由排版就能發揮效果。
這個手法雖然自由，但其中必須經過縝密的計算和比例的平衡。

活潑地表現多個元素

　　自由排版是與網格系統反向思維進行的手法。它是將文字和圖片隨機地配置，而不是放在固定位置，藉此製作出印象強烈且充滿動力的版面。配置多個元素時，故意不建立規則性，因而營造出活潑的印象。但是不能因為自由就隨便亂配置，否則就沒有意義了。所以排版時，必須想清楚哪個是要強調的元素，以及整體比例該如何平衡，並盡可能地讓各個元素都能生動活潑。使用去背圖片做自由排版，效果會更明顯。網格系統是排版的基本，做自由排版時，最好是漸進式的將網格系統撤掉，比較能保持平衡感。

〔使用去背圖片的自由排版〕
使用去背圖片時，能充分突顯出自由排版的活動性、熱鬧、歡樂和動態效果。它的優點是即使資訊量多也不會令人感到窒息。但由於留白也是隨機產生的，所以必須細膩地安排，注意整體的平衡感是否跑掉，以及各個元素是否生動，避免讓讀者的視線迷失方向。

自由排版很容易變凌亂，別忘了整理資料哦！

〔應用網格系統的自由排版〕
這種自由排版是應用了網格系統作為基底。右頁的圖片幾乎都是沿著網格配置，但各自都調整了角度。左頁圖片雖然也應用網格系統，但每張圖片都大小不一，或是打破規律調整地更為傾斜。在自由排版時也應用網格系統的做法，能維持版面的平衡。

留白

留白並不是湊巧空出來的空間，有些留白的使用法，能翻轉整體印象。
請配合版面的目的，仔細計畫並靈活的運用它吧！

靈活的用法改變整體印象

留白指的是沒有配置任何文字或圖片等元素的版面空間。留白部分少，資訊較緊密，能給人充滿活力的印象。相反地，留白部分多，能營造出安靜、高雅的印象。此外，在主體文字以及圖片的周圍挪出寬敞的留白，該元素會從周圍浮現出來，變得特別醒目。某些留白做法甚至有自然引導視線的效果。天頭、地腳以及版面左右邊的留白，是依據版心大小而決定。建議可以在製作前，先考慮版面整體的形象和目的，再進行設計，決定出想呈現的版面。

給人層次分明和躍動感的印象耶！

〔留白少〕
這裡的版面是將每張圖片放大展示，只有少量的留白，呈現出活潑、有朝氣的印象。像這樣只有少量留白，每個圖片全都放大處理，塞滿整個版面的版型，能帶出每張圖片的個性與魅力。適合清楚展現各張圖片的目的。

這種則給人優雅的印象呢！

〔留白多〕
把元素集中在版面中心，挪出寬敞的空間做留白，營造出優雅高級的感覺。雖然周圍有大量的留白，但圖片之間整齊排列，沒有太多間隔，使版面產生整體感，且每張圖片也不會太搶眼。適合傳達形象或氛圍的目的。

圖片率

有的版面只有文字或只配置大型圖片。它們各別有什麼樣的效果和特徵呢？
圖片率不只是營造版面印象，同時也會影響閱讀性。接著就來探尋最適當的比例吧！

圖片率與易讀性的關係

版面中相對於文字，照片、插畫、圖表等圖片所占面積的比例，稱為做圖片率。圖片率低（文字量多）給人嚴肅、艱深的印象。圖片率高（文字量少）較容易有親切感的傾向。視覺效果造成的易讀性，與圖片率成正比。版面主體為閱讀物的狀態下，放入10％左右的圖片或留白作為重點，獲得「容易理解」、「易讀性」的評價會比0％時增加，不過也可以依據版面主旨和目標客群，考慮將圖片率提高。然而多少百分比最理想，並不能一概而論，重要的是考慮內容和主題，尋找最適當的比例。

〔圖片率 0％〕
版面空間單純以文字構成。許多辭典和小説的圖片率都是0％。

〔圖片率 20～25％〕
圖片與文字的比例約為2：8。光是這樣就能令人耳目一新，產生易親近的感覺。

〔圖片率 50％〕
圖片與文字之間為對等關係，兩者都顯得活潑。50％左右的比例是一般感覺「易讀」的比例。

〔圖片率 70～80％〕
圖片與文字的比例約為7：3，是以圖片為主體的版面。通常繪本都是這個比例。

版面的理論

圖片的跳躍率

跳躍率是放大圖片的印象,而非改變圖片本身的印象。
可以利用跳躍率的強弱,增加銳利度或沉穩的表現。

圖片之間的面積差

頁面中最小的圖片與最大的圖片面積比,稱為圖片的跳躍率。跳躍率越高,越有強調該圖片形象的效果。例如活動性形象的圖片,看起來更加活潑,靜止形象的圖片,看起來更加的安靜。提高靜止形象的圖片跳躍率(放大圖片),並不會產生看起來更歡樂的形象變化,但是頁面整體的印象會大幅改變。跳躍率高時,版面會變得鮮明而有層次,跳躍率低時,版面會形成安定沉穩的印象。

BLQ!

〔跳躍率高〕
占版面四分之一左右的小張照片,與將空間最大程度利用的滿版出血照片,形成具有動態和層次分明的版面。圖片的歡樂氣氛擴增了,同時也傳達出鮮明和臨場感。這種手法適合用在想明確地呈現對象時使用。

〔跳躍率低〕
左右頁的圖片大小差距並不像上圖那麼明顯。整個版面散發著平穩和安定的印象。圖片原本的歡樂氣氛並沒有改變,但卻可以給讀者從容不迫的心情和平靜感。

文字的跳躍率

在一個版面裡比較文字大小之間的差距比例，稱為文字的跳躍率。
大的文字具有動態，小的文字則給人優雅的印象。

思考適合的跳躍率

版面中有各式各樣的文字元素，「主標題（大標）」、「引言」、「小標」、「內文」等。大多數除了書眉之外，最小的文字就是內文了。對比「內文」、「主標題」和「引言」等文字大小的比例，就稱為文字跳躍率。一般來說，跳躍率高的版面，給人活力十足、朝氣蓬勃的印象，具有吸引目光的優點。但如果方法用錯了，就會變得沒有格調，而且還會有降低資訊可信度的危險性。另一方面，跳躍率低的版面，看起來會有安靜、成熟且優雅沉穩的感覺，但相反地，也會有形成印象貧瘠、平淡或沒有設計感的憂慮。

〔跳躍率低〕
表現內容的文案、主標題和顯示「銷售中」的文字都是一樣的大小，雖然有安靜、高雅的印象，但是一眼看過去，會找不出主標題在哪裡，視線容易迷失。

〔跳躍率高〕
主標題比其他文字大、跳躍率也高，讓人一目了然重要的資訊在哪裡，成功地引導視線。而且版面有強弱之分，醒目的大標也令人印象深刻。

＊譯文：本書的系列書《設計師一定要懂的基礎印刷學》（積木文化出版）

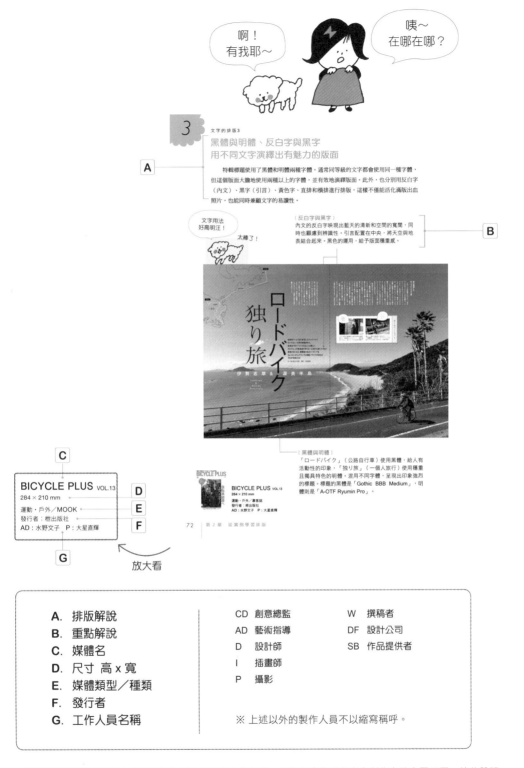

啊！
有我耶～

咦～
在哪在哪？

文字的排版 3

黑體與明體、反白字與黑字
用不同文字演繹出有魅力的版面

A

特輯標題使用了黑體和明體兩種字體。通常同等級的文字都會使用同一種字體，但這個版面大膽地使用兩種以上的字體，並有效地演繹版面。此外，也分別用反白字（內文）、黑字（引言）、黃色字、直排和橫排進行排版，這樣不僅能活化滿版出血照片，也能同時兼顧文字的易讀性。

文字用法
好高明汪！

太棒了！

〔反白字與黑字〕
內文的反白字映現出藍天的清新和空間的寬闊，同時也顧慮到辨識性。引言配置在中央，將天空與地表結合起來。黑色的運用，給予版面穩重感。

B

〔黑體與明體〕
「ロードバイク」（公路自行車）使用黑體，給人有活動性的印象，「独り旅」（一個人旅行）使用穩重且獨具特色的明體。混用不同字體，呈現出印象強烈的標題。標題的黑體是「Gothic BBB Medium」，明體則是「A-OTF Ryumin Pro」。

C

BICYCLE PLUS VOL.13
284 × 210 mm
運動・戶外／MOOK
發行者：枻出版社
AD：水野文子　P：大星直輝

D
E
F

BICYCLE PLUS VOL.13
284 × 210 mm
運動・戶外／專業誌
發行者：枻出版社
AD：水野文子　P：大星直輝

G

放大看

A. 排版解說	CD 創意總監	W 撰稿者
B. 重點解說	AD 藝術指導	DF 設計公司
C. 媒體名	D 設計師	SB 作品提供者
D. 尺寸 高 x 寬	I 插畫師	
E. 媒體類型／種類	P 攝影	
F. 發行者		
G. 工作人員名稱	※ 上述以外的製作人員不以縮寫稱呼。	

・排版解說和重點解說是本書編輯部依所見的印象主觀記載，可能與實際發行者和製作者的意圖不同，特此聲明。
・本書刊載的媒體報導內容為發售、發表時的內容，可能與現行的商品、服務、活動相異，也有可能製造、販賣、活動已經結束，敬請包涵。
・基於對作品提供者意願的尊重，某些部分數據不刊出。
・隨附各企業的股份公司及有限公司等法人單位的縮寫。

2 章

從實例學習排版

了解基礎知識和理論後，就來看看優秀的雜誌和傳單實例吧！
從欣賞大量出色的實例中學習排版的技巧。

跳躍率高的黑體
讓版面活潑有勁

　　大膽的文字運用，將特輯報導展現得十分聳動。文案和稍有份量的引言都用黑體，並拉大字級差距，使版面充滿活力。黑體若是用得不好，可能會使版面變得烏漆墨黑，影響閱讀性。但如果選擇的是具有人文設計感的黑體舊風格，就能較不受影響且保持閱讀性。這篇實例中的文字跳躍率、底色和文字的對比等，都做了精細的計算。

ましてや、ファッションビジュアル！

嘘や隠し事に心がチクッとしたとしても
興味優先、欲望がま〜ったく止まらない…
いま流行りの、小洒落ていて、さわやかで
誠実なライフスタイルに憧れるアナタは
決してこのページを開かないでくださいね。
なぜなら本特集は、オトナの不良〜いオトコの
根源的な欲望に溢れておりますゆえ
他方、真面目な人生に飽きした向きには
刺激的な処方箋となること、間違いなしですよ。

「一緒に「アバター」を
作らない？ あんなことた
できるかもよ……」

P.104へ
Go!!

充滿衝擊性
的版面呢！

好大膽喵～

LEON 2015年5月號
284 × 226 mm

男性生活風格／雜誌
發行者：主婦と生活社
P：前田　晃　　AD：久住欣也（Hd LAB Inc.）
髮型：AZUMA（MONDO-artist）
妝容：ARIKAWA（MONDO-artist）
造型：井嶋和男（BALANCE）
肖像：桐島ローランド（AVATTA）

〔 大膽地去背圖片 〕
大膽地裁修臉部特寫去背圖，並配置在與主標題對稱的位置上。這樣的配置能立刻吸引讀者的目光。

〔跳躍率高的文字〕
雖然同樣都使用黑體，但是主標題和引言在文字大小上，有著很大的變化（跳躍率），因而形成活潑的版面。

〔用反白字做重點標示〕
由於整個版面都是在鮮豔的桃紅底色上，配置字間緊排的黑字，所以利用反白字鎖定重點，形成輕快的重點標示。

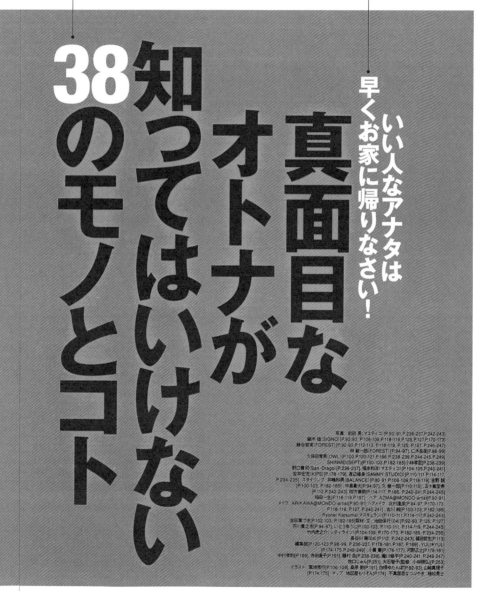

いい人なアナタは早くお家に帰りなさい！

38 知ってはいけない の真面目なオトナがモノとコト

仕事に打ち込み、ふと気づけばもうこんな時間。休日は家族を尻目にそそくさゴルフに出掛けて行って。隙あらば女のこと高級レストランでデートを画策。ブツ欲を抑える○ことができなくてスーツにカジュアルにと散財を繰り返す。子供の頃に夢見ていたスーパーカーにと心躍らせガレージを見やればクルマは3コ、バイクも少々。

写真　町田 晃（イエスティコ）[P.90-91, P.236-237, P.242-243]
鈴木 雄（SIGNO）[P.92-93, P.106-109, P.118-119, P.125, P.127, P.170-173]
綾谷初実（FOREST）[P.92-93, P.112-113, P.118-119, P.125, P.127, P.246-247]
林 敏一郎（FOREST）[P.94-97], 仁木泰屋[P.98-99]
久保田宥男（OWL）[P.100, P.120-121], 瀬 端[P.186, P.238-239, P.244-245, P.249]
SHINMEI（SEPT）[P.100-103, P.182-185], 小林栄恵[P.238-239]
野口貴郎（San-Drago）[P.236-237], マエティコ[P.240-241]
安井宏克（KIPS）[P.178-179], 渡辺雄彦（SAMMY STUDIO）[P.110-111, P.114-117]
吉野 純（BALANCE）[P.106-109, P.118-119], 吉野 誠
[P.100-103, P.182-185], 中島貴大[P.94-97], 久 條一郎[P.110-115], 五十嵐宣典
[P.112, P.242-243], 四方曜彦[P.114-117, P.186, P.240-241, P.244-245]
福田一生[P.116-119, P.187]　ヘア AZMA@MONDO-artist[P.90-91]
メイク ARIKAWA@MONDO-artist[P.90-91]　ヘアメイク 北村風彩[P.94-97, P.170-173,
P.118-119, P.127, P.240-241]　古川 純[P.100-103, P.182-186]
Ryohei Katsumai　マスキュラン[P.110-111, P.114-117, P.242-243]
吉田翼づき[P.102-103, P.182-185]取材・文　池田保行[04][P.92-93, P.125, P.127]
芥川 貴之志[P.94-97], いとうゆうじ[P.100-103, P.110-111, P.114-119, P.246-247]
竹内虎之介[シティライン][P.104-109, P.170-173, P.182-185, P.234-235]
長谷川 潮[04][P.112, P.242-243], 福田哲也[P.113]
編集部[P.120-123, P.98-99, P.236-237, P.178-181, P.187, P.189], YULI※YULI
[P.174-175, P.248-249], 小貫 葉[P.176-177], 河野正士[P.178-181]
中村幸則[P.186], 寺田直子[P.191], 藤村 岳[P.238-239], 瀬リ権平[P.240-241, P.246-247]
牧口じゅん[P.251], 大石智子[監修　小林照弘[P.253]
イラスト 葉地秀行[P.106-109], 桑原 勉[P.191], 白根ゆたん[P.92-93], 山﨑真理子
[P.174-175]　マップ 地図屋もりやん[P.174]　不真面目なつぶやき　楠﨑晃士

好時尚汪！

工作人員名單靠右對齊看起來好酷！

美麗的明體與充分的留白
營造出版面的質感

　　橫排與直排混合搭配的大膽標題，以及充分的留白，使版面形成清爽的印象。變化橫排與直排的文字大小，能讓視線暫時停駐，將主題明確地傳達。此外，因為字間寬鬆，所以突顯了明體的美感，營造出具有質感的版面。巧妙地運用留白，可有效地表現想強調的文字或照片等元素，也能提高資訊的可讀性和辨識性。

版面看起來真舒適喵～

呼嚕呼嚕……

作家・柏井壽さん
ホテル・ジャーナリス

絶 長

〔跳躍率低的文字〕
壓低各文字元素的跳躍率來配置，在留白的作用下，版面營造出寂靜和安定感。

〔 明體舊風格 〕
勾、捺等突顯日文字體的美感，這裡使用的是「A-OTF Futo Min A101」為基底加工的字體。標題字間寬鬆，能傳達出特輯的「優質」形象。

〔 印象強烈的標題文字組 〕
將主標題文字橫排，自左向右緩緩地排列，只有最後兩個字改成直排並放大，是十分大膽的設計方式。

うこさん選

の湯 　がある 名宿

Premium Hotel

Kashiwai's select

P.044-P.051
強羅花扇
（神奈川県・強羅温泉）

P.034-P.039
庄助の宿 瀧の湯
（福島県・東山温泉）

じっくり泉質を楽しむ
温泉もいいけれど
のびのびと絶景を楽しめる温泉も魅力的。
温泉に加えて、美味しい料理や
心地よいもてなしがあれば最高だ。
そんな眺めのいい温泉がある名宿をご紹介。
[Discover Japan]でおなじみの
旅館とホテルのスペシャリストのお二人に
とっておきの絶景温泉がある宿を
教えてもらいました！

Profile
柏井 壽
京都府生まれ。京都市北区で歯科医院を開業するかたわら、生粋の京都人であることから京都関連の書籍、生来の旅好きから旅のエッセイを執筆。『極みの名旅館』（光文社新書）はじめ、近著に『京都の路地裏』（幻冬舎新書）、『ゆるり 京都おひとり歩き』（光文社新書）

〔 效果十足的寬敞留白 〕
留白是為了提高文字資訊的可讀性和辨識性，但是這裡更加延伸，成功的傳達了高級的形象。

DiscoverJapanTravel
ニッポンの名湯
280×210 mm

旅行・指南／MOOK
發行者：枻出版社
CD：千葉直樹　AD：森迫華子
D：坂本美沙緒　DF：ピークス

032

3

文字的排版 3

黑體與明體、反白字與黑字
用不同字體演繹出有魅力的版面

特輯標題使用了黑體和明體兩種字體。通常同等級的文字都會使用同一種字體，但這個版面大膽地使用兩種以上的字體，並有效地演繹版面。此外，也分別用反白字（內文）、黑字（引言）、黃色字、直排和橫排進行排版，這樣不僅能活化滿版出血照片，也能同時兼顧文字的易讀性。

文字用法
好高明汪！

太棒了！

〔反白字與黑字〕
內文的反白字映現出藍天的清新和空間的寬闊，同時也顧慮到辨識性。引言配置在中央，將天空與地表結合起來。黑色的運用，給予版面穩重感。

〔黑體與明體〕
「ロードバイク」（公路自行車）使用黑體，給人有活動性的印象，「独り旅」（一個人旅行）使用穩重且獨具特色的明體。混用不同字體，呈現出印象強烈的標題。標題的黑體是「Gothic BBB Medium」，明體則是「A-OTF Ryumin Pro」。

BICYCLE PLUS VOL.13
284 × 210 mm

運動・戶外／MOOK
發行者：枻出版社
AD：水野文子　P：大星直輝

大膽地處理主標題
創造出新鮮的驚喜感

　　大膽地放大處理主標題，並與黑白照片互相搭配。使用線條沒有勾邊且無裝飾性的字體（無襯線字體），表現出現代感和強而有力的版面。主標題是將字母一個個上下錯開，並讓最後一個字母超出完成尺寸，延伸至出血，營造出躍動感。另一方面，則是將引言和主標題對齊，取得平衡。

〔對齊〕
將引言對齊「H」的左端，使帶有隨性印象的版面出現規則性，產生穩重感。

〔大膽地用字〕
主標題使用的是非襯線字體「Baron Neue Bold」，給人簡單俐落的印象。錯開配置的主標題與字母「E」的出血做法，為版面帶出躍動感。

〔黑白照片的效果〕
淺底色和黑白照片的組合，引導出文字和語言的強烈感，能煽動想像力，給人時尚的印象。

warp MAGAZINE JAPAN　2015年5月號
296 × 234 mm

男性時裝／雜誌
發行者：トランスワールドジャパン
（封面）P：Masatoshi Nagase　AD：Shiro Kojima　DF：RICH BLACK inc.
造型：Takahiro Miyajima（D-CORD）　妝髮：Sayori Ohara（MAKES）
（內頁）P：Koji Sato（P28）, Naoto Kobayashi（P29上）, Toshiaki Kitaoka（P29下）
AD：Shiro Kojima　DF：RICH BLACK inc.　造型：Masataka Hattori（P28）, Keita Izuka
（P29上）, Tomoya Yagi（P29下）　妝髮：Nakano（P28）　髮型：Jun Goto（P29上）

放大置入的主標題整合了版面呢！

喵～

運用帶有玩心的大標
活化主題或題材的形象

　　運用帶有玩心的大膽文字，搭配主題
題材，製作出歡樂的版面。這裡的小標以
橫排顯示店名，並且使用具有吸睛效果的
黑體。內文為了考慮到閱讀性，則是使用
明體以直排方式排列。通常排版的做法是
小標與內文的文字方向一致，但由於黑體
較適合橫排，且這樣的排列方式更具吸引
力。

立正對齊
的豆豆…

好可愛喔～

四条大宮

京菓子司
亀屋良長の
まろん

取材・文／いなだみは
写真　沖本　明

〔亀屋良長〕といえば家伝銘菓「烏羽玉」が手みやげの定番。波照間島産の黒糖を使ったこしあんに、寒天を上掛けした松扇。その光を思わせる和菓子で、愛らしさに、活かし写すこと。

菓子職人が――。藤田さんは製菓学校を卒業し、日本のパティスリーで経験を重ねた後に渡仏。その時、ふと訪れた和菓子講習会で、日本のお菓子のすばらしさに開眼。「日本人なのに日本のお菓子のことを知らない。洋菓子を作る前に、一度生まれ育った日本の、和菓子のことを勉強したい」と帰国し、叩いた門が「亀屋良長」だったのだ。「初めて会った時、手や腕に火傷や切り傷を見て、彼女の本気を知る」。

田さんに和菓子の基本を教え、ともに新作菓子を次々と発表することになる。

四条醒ケ井で享和3年（18 03）創業して、京の和菓子を今に伝える老舗が、洋菓子職人を受け入れる懐の深さに驚くと同時に、洋の素材や技法を軟に取り入れ、新しい商品開発に意欲的な亀屋さんの本気。

まろん

コロン

〔讓標題鮮活的留白〕
「地腳」的部分空出大量的留白。製作留白且不將內文排滿整個版面，帶出標題文字的趣味感。

〔文字遊戲〕
標題文字配合題材形狀或形象，做出斜度和動態，並玩心地配置出具有親和力的版面。標題文字的假名用的是「Yutuki 36PoKana W5」，漢字是「A-OTF Ryumin」。

手みやげを買いに 關西篇
257 × 210 mm

生活・指南／MOOK
發行者：京阪神エルマガジン社
（封面）AD, D：津村正二　P：沖本　明
編輯：須波由貴子
（內頁）AD, D：津村正二

75

6

將文字魅力發揮極致
設計出躍動感的版面

　　版面上跳躍著許多文字。不同大小的文字以字體表現文案，散發出卓越的衝擊力。主要文案以直排方式排列，副文案則是以橫排排列，這樣的做法更提高了版面的躍動感。另外使用文繞圖的方式，能有效地強調去背照片的呈現。這篇實例將文字的特性發揮極致，讓版面演繹出各種不同的形象。

〔出血排版〕
讓文字的一角溢出版面的出血排版。字間狹窄，使文字看起來更強而有力。

モノ・マガジン 2015年4-2號
280 × 202 mm

男性生活風格／雜誌
發行者：ワールドフォトプレス
編輯：モノ・マガジン編輯部　P：石上　彰
排版：フェイバリット・グラフィックス

〔文繞圖〕
讓文字圍繞去背圖片排列。
這麼做可使主角更加突出，
版面的主題也變得更明確。

〔文字的演繹〕
主文案用直排的黑體與橫排的明體形成對比，給
予版面變化和躍動感。黑體為「Gothic MB101
U」，明體則是以「Ryumin H-KL」為基礎，再
變化字體粗細或加工後使用。

世界20か国の
生産地から
生豆を輸入

「珈琲店」を
「コーヒー屋」にした立役者

一般的な熱風焙煎に
比べ、時間・コスト・
技術を要する
直火焙煎を
採用

ドトールに行ってしまう理由。

STARBUCKS
RESERVE®
開店舗は53店舗で、
の中で"CLOVER"
を採用している
店舗は27店舗

に豆を記していく

の店舗に
の種類は
約20種類

に揃う豆の
に約16種類

CLOVER設置の
第一号店は
「銀座マロニエ通り店」と
「京都三条烏丸通り店」

1962年に焙煎卸売業
としてスタート、ショップの
誕生は1980年。
本社は渋谷

関東と関西に自社焙煎工場

ブレンド11種
+ストレート6種

人々を
明るく前向きな
気持ちにさせるところ

写真 gami 文 Dick Johnson 翻http://www.doutor.co.jp/

易讀的報導版面
直排

文字多的報導必須設計成易讀且能確實傳達內容的版面，所以如何選擇多數人覺得易讀的字體與文字大小，及適當的行長、行間和字間，便十分重要。此外，留白也是一大重點。留白少時，版面會有壓迫感，讓讀者喪失想讀的意願。另外，如果是訪問報導時，區別Q&A的文字顏色，也可讓文章更易讀。

〔易讀的文字大小和行間〕
文字多的報導就用基本樣式、易讀的字體和文字大小來排版。行間太窄或太寬都不利於閱讀。內文的漢字為「Yu Gothic」，歐文為「Avenir LT Std 45 Book」。字級為11.5Q，行距為20.5H。

〔設定留白〕
五欄版型的第一欄設定寬闊的留白，讓它有相當的空間。文字多的報導，不要讓人從版面感受到壓迫感是十分重要的。

〔改變文字顏色〕
如果是採訪報導，可以用顏色區別Q&A，並將問題部分設為小標，讓它更容易閱讀。

上方留白，效果很好呢！

CYAN　issue 004
297 × 232 mm
女性美容・生活風格／雜誌
發行者：カエルム
P：長弘 進（D-CORD）　DF：Ampersands

易讀的報導版面
橫排

主標題的文字大小能瞬間抓住讀者的目光，而且字體粗細也不會太過沉重。改變「LEADER」字母的文字顏色來連接副標題。沿著網格排版出井然有序的版面，展現商業雜誌需要的高信任度和穩重形象。另外，對開的中央部分留白，能讓版面產生安穩感。內文使用易讀的黑體橫排，加上小標數量較少，使整體營造出冷靜的印象。

〔文字的分級〕
為了創造出引人注目的標題和簡潔表示主題內容的副標題，以及引導內文的引言，所以將文字依據各別的功能分成不同等級大小。歐文標題是108Q，日文標題是28Q，引言為11Q。

原來如此！

井然有序又
易讀的版面，
給人商業雜誌
的風格呢！

〔對開的中央留白〕
沿著網格並井然有序地排版，使版面沒有絲毫浪費，顯得穩重。加上對開的中央部分留白，產生出優雅和安穩感。

〔易讀的橫排〕
橫排的內文本身就容易閱讀，而且字體、文字大小、行間和行長等都設定得非常均衡。內文字體是「Koburina Gothic Std W3」。字級為12Q，行距為21.511H。

Forbes JAPAN
2015年4月號
276 × 206 mm

商業／雜誌
發行者：アトミックスメディア
DF：fairground

以方形剪裁照片為主的版面
能表現出一致性和安穩感

　　以方形剪裁照片為主題的版面會給人安穩和安定的印象。將多張照片分成大、中、小的等級，為想傳達的視覺排列出優先順序，如此就能自然引導讀者的視線。傳達木質溫暖的明亮照片，統一了照片的調性。文案、引言和內文都以黑色構成，所以帶有顏色的圖說就剛好成了重點標示。

〔方形剪裁〕
將小照片裁修成正方形，營造出統一性，同時視線也容易投向主要的攝影對象。

〔圖說的文字顏色〕
帶有顏色的圖説因為文字大小和空間都不大，所以不會影響整體版面的統一性，反而成為剛好的重點標示。

〔照片的分級〕
依據主圖、情境圖、參考圖等用途來做分級，並決定照片的大小。版面散發出平衡和動態，是一個帶有節奏的版面。

適當的留白
看起來很清爽！

tocotoco　2015年2月號
270 × 206 mm
生活・指南／雜誌
（封面）AD：ME&MIRACO
P：鍵岡龍門
（內頁）DF：ME&MIRACO
P：松元繪里子　編輯、撰稿：增田綾子
I：秋山 花

排版大量方形剪裁照片
用分級和排列展現令人耳目一新的版面

照片張數和資訊量多時，需先決定內容、種類、過程等呈現規則，接著再整理元素。照片的大小會依據內容分成不同等級配置，讓人清楚看懂步驟。決定每張照片的配置規則，即使資訊量多，也能排版出具有統一性且易讀的版面。將版面分割成四欄，使每欄的完成圖都格外突出，在視線的引導上也十分出色，是一個實用的版面。

〔對開分割成 4 欄〕
將版面對開分割成4欄，並按步驟
排列，從上到下，從右到左，在
視覺引導上來說十分出色。

JJ　2015年4月號
294 × 230 mm
女性時裝／雜誌
發行者：光文社
DF：ma-hgra
P：金谷章平

〔照片的分級〕
「完成圖」尺寸最大，而切割成數張的「步驟圖」尺寸最小，再來才是「背面圖」和「全身搭配」。透過照片分級，決定尺寸大小，就能創造出清晰有條理的版面。

設計的基本就是～

資訊整理！

版面傳達的重點就是要容易閱讀！

呈現良好的節奏與平衡
以方形剪裁照片為主的版面

　　這篇版面以方形剪裁照片為主，是具有節奏配置的自由排版。這種排版方式不使用去背照片，而是以方形剪裁照片構成，形成有節奏但穩重的效果。雖然元素大多集中在右頁，但在左右頁的內邊留白處加入變化，就能藉此產生平衡感。留白可以表現輕快和明亮感，且圖片的跳躍率低，也符合照片柔和的印象。

〔內邊留白的變化〕
元素集中的右頁與簡單結構的左頁，利用變化內邊留白的寬度來取得平衡。

〔對齊線〕
文案、引言、小標和內文的行首，對齊對頁圖片的天。對齊相隔較遠的物件，呈現出清爽的美感。

生八ッ橋から生まれる素敵な春の彩り

京都から届いた 春色スイーツ

niki niki のメルヘンな 春和菓子たち

〔圖片的跳躍率低〕
為了突顯柔和華美的照片，左右頁的照片大小並沒有太大差距。降低圖片的跳躍率，能形成穩重的版面。

好可愛喔～

照片也帶著春天的色調呢～真棒！汪！

ことりっぷマガジン
vol.4 2015春
296 × 234 mm

生活・指南／MOOK
發行者：昭文社
編輯、製作：ことりっぷ編輯部
D：GRiD

以照片為主角
滿版出血的版面

　　滿版出血的版面設計讓照片看起來更大，充滿了衝擊力，這在傳達照片魅力上特別有效果。此外，製作這種有衝擊力的頁面，也會成為整個媒體的焦點。不過要注意的是文字資訊的處理方式，由於文字壓在照片上，所以排列方法和文字顏色都須充分考慮，避免干擾主體且確保可讀性。

好大！
鞋子～

〔滿版出血〕
以照片為主角。想將照片的魅力或衝擊力發揮到極致時，「滿版出血」是最有效的排版方式。

衝擊力！
鞋子～

New Balance

CONVERSE ADDICT.

〔裝飾的創意〕
左右頁都由上方照片的一小部分作為裝飾。這樣頁面會產生統一性，將版面收緊。

〔圖說的呈現方式〕
為了不干擾主角，同時又要能讀取文字資訊，所以將圖說放在下方，以方形排列整合。

PRODISM
2015年4月號
296 × 208 mm

男性時裝／雜誌
發行者：創藝社
總編輯：渡邊敦男　AD：村田 鍊
D：brown:design

隨機配置方形剪裁照片
如同攝影書的版面

　　這篇版面是將明信片般的可愛照片隨機配置，傳達出春意盎然的氛圍。故意減少資訊量，以圖片主題來構成，讓人期待下一頁的發展。照片雖然只用方形剪裁照片來組合，但配置得很有節奏，再加上令整體產生溫馨的插畫，使版面營造出華麗和統一性。

〔華麗和統一性〕
為了把各個照片連結起來，所以在留白處加上溫馨的插畫，讓整體版面產生華麗和統一性。

〔視線的引導〕
標題壓在主圖約一半處，來引導視線。黑色文字使用符合氛圍的纖細明體，漢字與假名的字體各不相同。

〔對齊〕
乍看像是隨機配置，但圖片的邊緣都有相互對齊。縮小重點，利用對齊來避免過於散漫的印象。

ことりっぷマガジン
vol.4 2015春
296 × 234 mm

生活・指南／MOOK
發行者：昭文社
編輯、製作：ことりっぷ編輯部
D：GRiD

哇～看起來好好吃！

雖然看起來像隨機配置的，但該對齊的地方都有對齊哦！

將照片大膽地配置
製作出印象深刻的版面

左頁的遠景照片是以腳為中心，展示鞋子和襪子，右頁則是貼近手腕展示手環的近景照片，對照的兩張照片配置在對開的版面中。此外，這兩頁照片裡的模特兒，臉部都沒有入鏡，而是將照片大膽地裁修且滿版出血。遠景照片、近景照片和巧妙的裁修配置，形成令人印象深刻的版面。

〔遠景和近景的對比〕
左頁是遠景照片，右頁則是近景照片。
大膽地將對照的照片排在一起，成為印象深刻的版面。

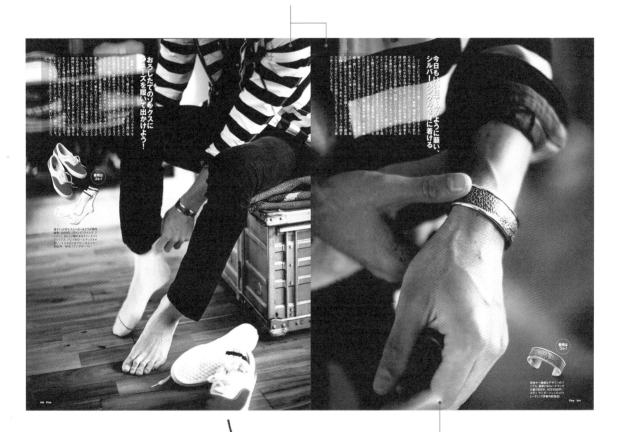

〔滿版出血照片〕
使用滿版出血照片，能增加視覺存在感，而且大膽的裁修，更能突顯出商品的魅力。

Fine 2015年4月號
297 × 235 mm

男性時裝／雜誌
發行者：日之出出版
AD：溝口基樹（mo'design inc.）

人物臉部不入鏡，
是厲害的裁修技巧哦！

圖片的排版7

在照片上加入手繪裝飾
創造出「可愛」的版面

　　這篇是介紹年輕女性走向的商品頁面。在粉色系的底色上加入手繪文字和插畫，就好像是隨意貼上的貼紙，這種充滿手工感的裝飾，演繹出「可愛」的版面。針對版面形象搭配手繪裝飾，能創造出很好的效果。此外，右頁的藍色對話框，在粉色主題的版面上，成為重點標示，吸引讀者目光。

〔手繪裝飾〕
手繪文字、插畫、隨便黏貼的貼紙等配件，都散發出手繪感，增加可愛度。

〔重點標示〕
藍色接近粉色的補色，使對話框有衝擊力，吸引讀者的視線。

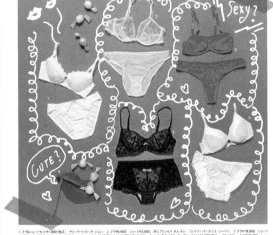

ELLE girl　エル・ガール　3月號
276 × 210 mm

女性時裝／雜誌
發行者：ハースト婦人画報社
AD：梶山泰代　P：小川久志
造型：原 未来　I：NAZUNA

手繪插畫感覺
好親切喔～

隨機配置不同大小的圓形剪裁照片
製作出符合主題氛圍的版面

這篇是介紹童裝的頁面，版面整體傳達出可愛和歡樂的氣氛。為了利用排版表現符合主題的氛圍，這裡使用許多不同的手法。首先把照片裁修成不同大小的圓形剪裁照片並隨機配置，接著將圖說配合圓形剪裁的弧線排列。手繪文字和插畫也能發揮擴增版面氛圍的效果。

圓形剪裁照片是這樣使用的啊～

真可愛！

作為參考喵～

〔圖說的表現方法〕
配合照片形狀，將圖說沿著圓形排列，提升可愛度。

〔不同大小的圓形剪裁照片〕
為了配合童裝主題，且同時傳達可愛氣氛，所以在版面上使用了大大小小的圓形剪裁照片。形象塑造時最重要的就是配合主題。

nina's. 2015年3月號
296 × 220 mm

女性生活風格／雜誌
發行者：祥傳社

視線自然地由上往下移動
重心在上的版面

　　這篇重心在上的版面，左右頁上半部均等地配置了方形剪裁照片，成為畫面的重心，形成倒三角形的構圖。重心在上的版面較不安定，相比之下，重心在下的版面反而給人穩重和安定感，但重心在上能感受到版面的動態和傳遞的資訊。這裡將上半部的照片和下半部的內文之間設置了留白，有效地引導視線，並自然走向下方內文。

〔留白的效果〕
上半部的照片與下半部的內文區塊之間設置了留白，能引導讀者的視線，自然走向下半部的內文。

〔上重心〕
以左右頁上方均等配置的方形剪裁照片為重心，描繪出逆三角形構圖。重心在上的排版方式具有放大版面空間的效果。

ecocolo
No.68（2014 Autumn & Winter）
187 × 257mm

女性生活風格／雜誌
發行者：エスプレ
AD：峯崎ノリテル（（STUDIO））
P：白川青史　I：マイク・エーブルソン

這就是重心在上喔！

上半部留白引導視線往下
重心在下的版面

　　左右頁都將簡潔的商品資訊集中在上半部中央（內邊）的位置。這種方式能
將讀者的視線像畫三角形一樣，從上半部中央引導到下方的照片，也就是所謂的
「重心在下」。如果想讓展示的題材有效地呈現，就必須想清楚頁面的整體重心
要放在哪裡，以及元素的配置和留白的平衡，這些都是十分重要的要點。

〔印象強烈的裁修〕
將左右頁的商品照片裁修成局部圖，這
種裁修方法能讓人印象深刻。右頁的商
品圖斜向排列，引導視線往下。

〔平衡的留白〕
商品資訊簡潔的集中在中央，讓寬
敞的留白空間帶出版面的質感，也
突顯下方的方形剪裁照片。

MARC JACOBS

**今季を象徴するカラーの
軽量カーディガン**

今季のコレクションを象徴するサーモンピンクのニットカーディガン。ボーダー柄に加えて、縦と横どちらの単色に切り替えるデザインもポイント。また、部分によって織り方を変えることでブルーな佇まいや存在感のある陰性を浮かべている。カラーは他にライトブルーも展開。¥105,840
（スタッフ インターナショナル ジャパン）

**今季もNYの新説
アーティストをフィーチャー**

ここ数シーズンにわたりコラボレーションを続けているNYブルックリンの新鋭グラフィックアーティストBAST。彼の個性的に描く込まれたアートワークを全面にプリントしたコレクションは今季も話題、最新Tシャツのデザインで着心地のよいコットン100%を使用している。¥25,920
（スタッフ インターナショナル ジャパン）

MARC JACOBS

BORDER KNIT CARDIGAN

BAST TEE

PRODISM 2015年4月號
296 × 208 mm

男性時裝／雜誌
發行者：創藝社
編輯：渡邊敦男　AD：村田 鍊
D：brown:design

這就是重心
在下啊！

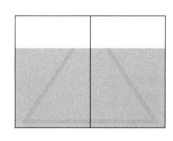

具有對稱性照片的版面
創造出變化與節奏

　　左頁上半部與右頁下半部各配置了大張的出血照片。另外，左頁下半部與右頁上半部也配置了商品去背照片和報導。讀者的視線首先會從左頁的出血照片，斜向引導到右頁的出血照片，這樣的排版會產生一種節奏。讓方形剪裁照片排列得有對稱性，就能在版面上產生變化和動態。

〔對稱性的版面〕
在左右頁配置出血照片和商品去背照片，並排列在對稱的位置，使版面產生變化和節奏。

Fine 2015年4月號
297 × 235 mm

男性時裝／雜誌
發行者：日之出出版
AD：溝口基樹（mo'design inc.）

也稱為
點對稱構圖！

真酷！

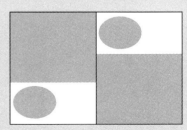

將視線從中央引導到周圍
對稱的構圖

讀者的視線首先會聚集到中央兩張方形剪裁照片，接著又被引導到包圍四周的物件去背照片。這是從中心向外做線對稱的構圖。模特兒的視線和動作，也能提升讀者視線往中央集中，所以選擇照片對提升排版效果上十分重要。

用顏色或對話框點出左右頁的不同。

形成良好的重點標示！

〔攝影主體的視線〕
模特兒的視線和動作都朝向中央，提高了對稱效果。這種版面效果在照片的選擇上十分重要。

ELLE girl
エル・ガール 3月號
276 × 210 mm

女性時裝／雜誌
發行者：ハースト婦人画報社
AD：梶山泰代　P：酒井貴生
造型：一ツ山佳子

〔對稱的版面〕
這是左右頁從中心向外做線對稱的構圖。讀者的視線自然而然從中央被引導到周圍。

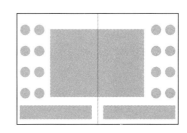

利用去背照片的效果配置
為版面營造出節奏與動態

將版面整體化成速寫簿的形式，讓它有了與眾不同的呈現方式，藉此為版面增加動態、歡樂等新鮮的魅力。去背照片本身就有突顯主體的效果，但這裡的動態配置和陰影裝飾，更為整體版面營造出節奏。

〔去背照片〕
有邊的去背照片增加了陰影的裝飾，看起來很像在速寫簿裡，貼上喜愛照片的感覺。

〔速寫簿風的裝飾〕
利用橡皮擦、圓規、筆等裝飾，讓版面擬似速寫簿。手繪的插畫和文字更強化了這種印象。

每個地方都好用心！

筆記、圓規、橡皮擦…

〔動態的配置〕
照片中模特兒的姿勢和髮型都具有動態。把照片不整齊地配置，以動態的方式傳達出躍動感和歡樂。

UNIQLO denim pants

ZARA denim pants

CLASSY. 2015年4月號
294 × 232 mm
女性時裝／雜誌
發行者：光文社
D：副島かおる（封面）／平岡規子（內頁下）／
Mo-Green（內頁上）　P：竹內裕二（封面）／
清藤直樹（內頁下）／倉本GORI（內頁上 人物）
草間智博（內頁上 靜物）

用方形剪裁照片均等分割版面
形成時髦又穩重的印象

　　與92頁的版面相比，這裡的照片處理、模特兒的姿勢和文字資訊量等，都恰好形成對照。配置在四角框架內的方形剪裁照片，最大的特色就是低動態且具安定性，給人「安靜」的印象。但只要在並列方式、配置和裁修上加入一點變化，就能改變印象。這裡將版面垂直裁修分割成4欄，傳達出時髦成熟的氛圍。

〔將版面分割成4欄〕
方形剪裁照片將版面均等
分割，形成對稱的配置。

〔黑色底色與重點標示〕
配合主題（模特兒的服裝）
選用有存在感的黑底，使版
面整體更具張力。重點標示
的色塊選用暗紅色，創造出
銳利和層次鮮明的感覺。

LEON 2015年5月號
284 × 226 mm

男性生活風格／雜誌
發行者：主婦と生活社
P：片桐史郎（TROLLEY）
AD：久住欣也（Hd LAB Inc.）
妝髮：星　隆士（SIGNO）
造型：井嶋和男（BALANCE）

是一個相當
突顯照片的
版面呢！

想做出很帥
的版面！

運用去背照片和方形剪裁照片的
靜態版面

通常使用去背照片是為了讓版面增加動態，但左頁寬敞的留白空間，反而傳遞出版面的質感和安靜的感覺。下半部的商品說明簡單又符合整體氣氛，而且線條的裝飾也能傳達出資訊的易讀性。右頁上下並列著遠景與近景兩張方形剪裁照片，演繹出版面的戲劇感。

〔寬敞的留白空間〕
寬敞的留白空間給人從容不迫的感覺，能有效地傳達高級和優質感。雖然使用給人動態印象的去背照片，但這裡反而增加了安靜的氛圍。

〔近照與遠景〕
上半部是動態的遠景照片，下半部則是靜態的近景照片。兩張照片上下並列，營造出戲劇性的氛圍。

〔線條的設定〕
版面雖然簡單，但設定線條讓資訊更整齊、易讀。

vikka 2015年4月號
297 × 230 mm
女性時裝／雜誌
發行者：三栄書房

好漂亮！

充滿戲劇感耶～

蹦！

熱鬧的版面1

運用去背照片和方形剪裁照片的
動態版面

　　這裡和94頁一樣使用去背照片和方形剪裁照片，但是傾斜的標題和斜線的裝飾以及黃色的底色，營造出活潑的版面。由於文字顏色只用了黑色，不會形成散漫的印象，反而能清楚的傳達資訊。去背照片與方形剪裁照片的平衡配置，在動態的版面中，各別發揮自己的特質。

〔底色與文字顏色〕
相對於辨識性高的黃色底色，
文字清一色採用黑色，以避免
給人散漫和混亂的印象。

〔配置的平衡〕
沿著拍攝主體形狀去背的照片與簡
單的方形剪裁照片，比例均衡的配
置，可以讓人感受到版面的動態。

〔熱鬧的版面〕
標題文字傾斜配置，並以斜線
作為裝飾。白色的斜線也具有
將介紹商品群體化的功能。

Ranzuki 2015年4月號
284 × 210 mm
女性時裝／雜誌
發行者：ぶんか社
P：小川 健（will creative）（表1）／
中津昌彥（Giraffe）（內頁）
W：村上 幸（內頁）DF：マーグラ

好活潑喔～

真開心！

蹦！

熱鬧的版面2

圖片率和版心率高
適合少女的活潑版面

　　這種版面給人青春洋溢的印象。提高圖片率（圖片多）和版心率（留白少）就可以演繹出如此活潑的版面。此外，賦予文字動態能產生躍動感。在資訊量多的版面上，如何整理報導並將它表現出來也是個重點。這篇版面中，特別將花邊報導鋪上底色來強調。

利用單色來整理資訊！

像這裡～

上梯子要小心哦！

nicola 2015年4月號
278 × 212 mm

青少年服裝／雜誌
發行者：新潮社
P：Hashimoto Norikazu（f-me）（封頁）／
Kishimoto Yuki（內頁）
封面設計＆Logo：Arai Fumiko
D：midoriya（內頁）

〔花邊報導〕
為了在活潑的版面中突顯花邊報導，可以鋪上一層底色，與其他部位有所區別。

〔讓文字沿著照片走〕
沿著模特兒的動作排列文字，就能產生躍動感。
使用和衣服相同的顏色作為文字顏色，更能突顯
效果。

〔圖片率和版心率〕
同時拉高圖片率和版心率，能給人
少女雜誌般的活潑感。

自由排版

圖片量多的版面展現方式──
使用去背照片的自由排版

用自由排版來展現大、中、小各種尺寸的去背照片,讓版面產生層次感和節奏,適合充滿熱情激昂的戶外雜誌。資訊量多的版面中,為了讓訊息更容易理解,整齊地展現便是一大重點。因此在注意照片尺寸和配置的同時,就必須花點心思去對應照片和圖說,讓人能容易閱讀和理解。

〔增加層次感〕
增加在版面中收放的層次感。若是不想成為工整乏味的版面,將圖片溢出版心外,也是很好的手法。

〔各種尺寸的去背照片〕
平衡地配置大、中、小各種尺寸的去背照片,可以令版面產生節奏,也能突顯出每樣商品。

〔圖說的整理〕
介紹大量商品的頁面,最重要的是如何讓圖說易讀且搭配相對應的照片。

OUTDOOR STYLE GO OUT
2015年5月號
296 × 230 mm

運動‧戶外/雜誌
發行者:三栄書房
D:張本 勇(Hi grafik) P:新城 孝
W:板倉 環 編輯:ロクマルマガジンワークス

好熱鬧!

讓照片有大有小的配置,營造出歡樂的氣氛!

圖片量多的版面展現方式——
使用去背照片的網格式排版

　　這裡是將大量的商品配置在網格（無形的假想方眼格）上。即使商品的實際大小不同，也不將商品圖片做大小差異，而是工整地排列在版面上，降低照片的跳躍率。此外，圖說也以相同格式，整齊地配置在下方。即使各別商品沒有關連性，但整齊排列的呈現方式也能產生統一性。

〔工整中的動態〕
沿著網格配置照片和圖說。
上欄的照片有一小部分溢出
網格，產生動態。

〔重點標示〕
在黑色字為主的版面上，
粉紅心形的裝飾與文字成
為重點標示。

ELLE girl　エル・ガール　3月號
276 × 210 mm
女性時裝／雜誌
發行者：ハースト婦人画報社
D：梶山泰代　P：岩瀬修一
造型：原　未来

照片大小相同，就能清楚看到每個商品呢！

哇！那個好可愛！

提高去背照片的跳躍率
讓整體版面層次分明

這篇版面令人印象深刻的是去背照片的跳躍率對比。左右頁各放入一個皮包照片，形成跳躍率高的版面。利用這個方式讓視線先被左右頁的包包引導，接著頁面中央以相同尺寸介紹其他包包，使版面層次分明。此外，規則性的配置照片和圖說，能清楚明白地傳達商品的資訊。

〔圖說的裝飾〕
利用有設計感的線條，有效地將照片和圖說結合在一起。

偶爾大膽一點，放大試試！

要大膽一點哦！

大膽！汪！

〔照片與圖說的位置〕
照片與圖說的位置，每隔一欄就左右交換一次，這種排版方式能產生出節奏。

〔跳躍率高的照片〕
跳躍率高的照片，使版面產生動態和層次感。

Men's JOKER
2015年4月號
294 × 233 mm

男性時裝／雜誌
發行者：KKベストセラーズ
W：今野 疊　P：吉野洋三（TAKIBI）
DF：mashroom design

降低去背照片的跳躍率
賦予版面高雅的印象

對頁高跳躍率的去背照片給人強烈的印象，而這裡與之對照的照片尺寸沒有大小差別，是篇圖片跳躍率低的版面。照片或文字跳躍率低的版面，能有效賦予高雅沉穩的印象。設計時必須看版面的目標形象是什麼，再來決定跳躍率的高或低。此外，善用重點色在文字和線條上，避免破壞沉穩的版面。

符合目標的版面設計是很重要的喔！

讀者是有品味的女性嗎～

〔重點色〕
在文字和線條上有效地運用重點色，能賦予版面變化。

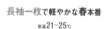

〔跳躍率低的照片〕
工整排列跳躍率低的照片，可以使版面變得高雅沉穩，同時也能感受到穩重和高級感。

ナチュリラ vol.29 2015年春季號
285 × 210 mm

女性生活風格／雜誌
發行者：主婦と生活社
AD／D：ohmae-d（全頁）P：tadaaki omori（表1）／
tomoya uehara（內頁）造型：eriko suzuki（iELU）（表1）／
shoko sakamoto（內頁）妝髮：kyoko fukuzawa
（Perle management）（表1）

版型設計
直排‧4欄

　　雜誌或MOOK的內容雖然五花八門，但是一篇特輯報導內，通常都會使用同一種版型。這裡介紹的特輯都是使用直排4欄的版型。此外，主標題也使用共同的設計，營造出統一性。不過每一頁刊載的圖片張數和形狀（方形剪裁或去背）都不一樣，所以應以版型為基礎，再配合形式有效地配置。

〔主標題周圍〕
主標題周圍都使用共同的設計，營造出特輯報導專屬的統一性。

〔圖片的配置〕
雖然依循4欄的版型，但也配合圖片的形狀，有效地配置出動態，引起讀者的興趣。

時空旅人
2015年3月號
285 × 210 mm

興趣‧實用／雜誌
發行者：三榮書房
AD：白石祐二
DF：白石事務所

版型設計
橫排・4欄

像雜誌等定期連載的出版品,雖然每期報導的內容都不相同,但大多都會使用同樣的版型。這裡介紹的版面是橫排4欄的版型。雖然每個報導的圖片張數和文字量等都不一樣,但在排版時,需配合元素分成2欄式或4欄式。另外也要以重點標示的手法來設計,例如配置出血照片等。

〔版型與變化〕
以橫排4欄的版型為基礎,配合報導文章的元素,變化圖片大小和文字的排列方式。

〔置中對齊營造統一性〕
小標對齊左右兩欄的中央,並將數字放大成吸睛的重點,使每則報導具有獨立性,同時版面也會散發出整體感。

LEON
2015年5月號
284 × 226 mm

男性生活風格/雜誌
發行者:主婦與生活社
AD:久住欣也(Hd LAB Inc.)

配合主題運用
令人印象深刻的關鍵色

這個版面的主題是「春天的漂亮色彩」。報導中提到的黃色、粉色等色彩，是設計版面的重要關鍵色。有效地在底色和文字顏色上使用配合主題的顏色，就能讓版面傳達給讀者更深刻的印象。

而且又可愛，真是一石兩鳥！汪！

〔圖説的設計〕
用黃色和粉色等關鍵色製作底色方塊，集合所有的圖説。

運用關鍵色，就能產生一致性！

〔配合主題的顏色〕
配合報導中介紹的商品關鍵色，有效地運用在底色或文字上。

ナチュリラ vol.29 2015年春季號
285 × 210 mm

女性生活風格／雜誌
發行者：主婦と生活社
AD, D：ohmae-d（全頁）
P：tadaaki omori（表1）／shinsaku kato（內頁上）／
rieko oka（內頁下）　造型：eriko suzuki（iELU）（表1）
妝髮設計：kyoko fukuzawa（Perle management）（表1）

有效運用鮮豔的色彩
為每個頁面創造個性

鮮豔色彩令人
印象深刻！

　　紅、黃、綠、藍等鮮豔的色彩運用，給予讀者強烈的衝擊。鮮明的色彩可以明確地展現想介紹的商品，為每一頁帶來獨特的個性。此外，在周圍鋪上與照片背景同色系的顏色，能讓照片更有張力，形成強烈的印象。將圖片的顏色用於版面中，不僅能達到頁面的差異化，同時也能感受到整體的統一性。

〔鮮豔色彩〕
鮮豔色彩清楚區別每一頁介紹的商品，
也強烈創造出每一頁的個性。

〔顏色的搭配裝飾〕
在周圍鋪上與照片背景同色
系的顏色，使照片變得更有
張力，賦予強烈的印象。

Men's JOKER 2015年4月號
294 × 233 mm
男性時裝／雜誌
發行者：KKベストセラーズ
W：平 格彦（pop*）　P：森滝 進（makiura office）
DF：token design　模特兒：Takeshi Mikawai／
Hideki Asahina

每個主題採用不同顏色
將資訊整理得更清晰

　　色彩運用是整理資訊的方法之一。這篇報導分成四個顏色來介紹版面中的主題，每個色塊都分割成橫排4列，讓讀者一眼就能辨識出來。接著將彩色框稍微傾斜，使整個版面產生動態，給人歡樂卻不死板的印象。

〔用顏色整理資訊〕
對開頁面中，每個主題採用不同色彩，進行資訊整理，讓讀者一眼就能理解，在傳達上極具效果。

〔歡樂的動態〕
將多彩的色框稍微傾斜，帶出歡樂的動態，賦予版面變化。

用顏色整理資訊的話，就能更好理解呢！

HOUYHNHNM Unplugged
（フイナム・アンプラグド）ISSUE01

296 × 232 mm

男性時裝／MOOK
發行者：講談社ビーシー
AD：西原幹雄　D：遊佐リツ子
I：グレース・リー（表1）／沖 真秀（內頁）

依主題更換版面顏色
加深頁面資訊的印象

　　某種程度上人們對顏色連想到的形象都具有共通性，例如藍色會想到「大海」，綠色會想到「自然」等。下圖介紹的是各項休閒設施。在海洋休閒設施的版面上，選擇以海洋為意象的藍色，動物園則是選擇以草原為意象的綠色。將具有強烈連想的顏色作為全頁色彩，能立即讓讀者透過顏色變化，來判斷頁面內容的改變。

〔圖標顏色〕
為了讓讀者注意到圖標，可以選用接近主題色的對比色來突顯。

水族館是什麼樣的地方呀？

〔用同色系營造統一性〕
圖框使用與主題同色系的顏色，讓版面整體散發統一性外，也具有重點標示的功能。

〔符合主題的顏色〕
配合設施的主題，統一用色。例如大海是藍色，動物園是綠色等，在用色上讓孩子容易想像。

春＆GWぴあファミリー
和孩子一起玩 首都圈版
297 × 210 mm

旅行指南／MOOK
發行者：ぴあ

＊案例內介紹的部分活動已經結束。

簡單又犀利的印象
為整個媒體形象定調

　　這份目錄沿襲商業雜誌的犀利印象，將實線與虛線的效果，運用在以文字為主體的目錄中，做出清晰好懂的區塊分割。放大最需要引人注目的兩個歐文特輯主標題，與其他的文字元素作區別，形成一眼就能看出本月號標題的架構。版面中的圖片橫排一列，其天地和大小都對齊，並且迎合文字排列的流向。

〔用歐文突顯標題〕
利用歐文與日文的混合，並且只放大歐文標題的文字大小，讓本月號的標題更突出。

〔虛線和實線〕
用簡單的實線和虛線組合，清晰地整理出類別和內容的區隔。

〔圖片〕
為了讓一欄橫排的清爽文字排列發揮效能，圖片只配置在最下方一列。統一照片的天地和大小，營造出穩重感。

Forbes JAPAN　2015年4月號
276 × 206 mm

商業／雜誌
發行者：アトミックスメディア
DF：fairground

有效配置圖片
提高對報導主標題的注目

　　讀者會從雜誌等媒體的目錄上尋找他們追求的資訊。在這份目錄中，首先用最大的字體呈現本月號的特輯主標題，接下來再配合內容區分等級，改變文字大小並整理資訊。此外，在文字的空隙間，配置方形剪裁、圓形剪裁和去背等形狀不同的圖片，保持比例的平衡，提高引發對報導主標題的注意。

〔分等級〕
配合內容，將文字分成大、中、小三種等級。以這種手法整理資訊能有效且清楚地傳達。

Special 1

10 もてなしの極意が身に付く
「和」の基本
心得帖

日経おとなの
OFF
April 2015
No.166
4
CONTENTS

ご注意
本誌掲載記事の無断転載を禁じます。また無断複写・複製（コピー等）は著作権法上の例外を除き、禁じられています。購入者以外の第三者による電子データ化は、私的使用を含めて一切認められておりません。詳しくは当社著作権窓口（☎03-6811-8348）へご照会ください。
日経BP社

12 和の心得十カ条

14 其ノ一 和食
だしを
制する者は
和食を制す！

24 其ノ二 大和言葉
日本語の美しさを実感する
大和言葉入門

30 其ノ三 和紙
レンブラントもほれ込んだ
世界が憧れる
和紙の強さ

36 和紙のものを傍らに置く

40 其ノ四 もてなし
名宿・加賀屋の
女将に学ぶ
もてなしの極意

44 特別インタビュー
八千草 薫
「残していきたい
和の文化」

46 其ノ五 日本美術
狩野派は
アニメの原点である

48 琳派は"デザイン"で
世界を驚かせた

52 其ノ六 和菓子
和菓子は男の必須教養である

56 其ノ七 日本酒
知って楽しい日本酒

60 其ノ八 七十二候
二十四節気・七十二候と年中行事
美しい季節の恵み

64 其ノ九 和室マナー
和室の作法は「気遣い」で決まる

84 其ノ十 日常動作
古武術式
カラダを痛めない日常動作

88 其ノ十一
2015年
「和」のお薦めイベント

〔圖片的呈現方式〕
將方形剪裁、圓形剪裁和去背圖片平衡地配置其中，引導視線，提高讀者興趣。

日経おとなのOFF 2015年4月號
280 × 210 mm

商業／雜誌
發行者：日經BP社
AD：高多 愛（內容）（目錄）
D：菅野綾子（封面）

特輯主的標題
好醒目哦！

讓資訊量多的
郵購型錄變得清爽

　　郵購型錄的版面有許多不可或缺的資訊，例如介紹商品的廣告文案、價格、尺寸和商品編號等。在資訊量多的版面中，最重要的是如何整理並清晰地傳達資訊。這裡以綠色作為關鍵色，營造出整體版面的統一性。另外，使用相同的版型排列商品的重點介紹文，同樣也能呈現統一性。照片和文字分成主、副等級，既好閱讀也易懂。

〔版型〕
使用相同的版型。因為版型相同，所以即使介紹不同商品也能產生統一性。

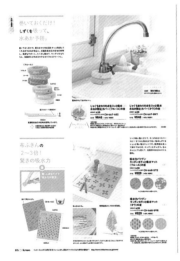

Kraso［クラソ］2015年春夏號 フェリシモ的雜貨
294 X 210 mm

生活／型錄
發行者：フェリシモ

〔分等級〕
將圖片分成視覺主、副兩級，文字也根據大小分級。這樣資訊就能整理地更加清楚、易讀。

ぶせるで、

ガード&カバー作戦。
の達人に。

手ごわい油汚れ対策にはこのシート！コンロ
前の壁に貼っておくだけで汚れをガードでき
ます。2枚重ねなので汚れたシートをめくる
だけでお掃除完了&毎回貼り換える手間も
ナシ。イメージチェンジも楽しめます。

シートはコンロから
15cm以上離してご
使用ください。

約48cm

（同時6星原）

合わせて
きます。

油汚れをガード
めくるたびストーリー広がる
2枚重ねのキッチンガードシートの会

成組組号 635
フェリシモコレクション番号 CN-608-347
月1枚 ¥1,100 （+8% ¥1,188）

■素材/ポリプロピレン・ポリエステル、アクリル系粘着剤
■サイズ/縦約48cm、横約90cm
※ガスコンロなどの周辺から、15cm以上離して使用してください。
※毎月1組、6種類の中から、ローテーション。1枚ずつお届けします。
※2回目以降、お届け順序が変わることがあります。[日本製]

■この6種類の中から
お届けします。

コンロの
ベトベト汚れ
敷いて簡単オフ！

表面はシリコーン
コート加工。
ちょっとした汚れをふき
とりやすい。

ガスコンロの五徳に敷いて焦げつき汚れをガード。
熱に強いガラス繊維素材でできた耐熱温度360℃の
シートです。汚れたら取り換えるだけ。ベトベト汚れは一
瞬でオフ、ゴシゴシめんどうなお掃除のストレスもオフ！

（リボンパスタ）

やわらか素材だから
折りたたんで簡単に
捨てられます。

（じゃぐち）

We Love Kitchen

たのしＫ⌂ＪＩ
家事がどんどん楽しくなる
キッチン作り！

—— 家事が楽しくなる3ヵ条 ——

01
汚れにくい！
汚れる、におう、その前に、
賢くガードを忘れるべからず。

02
洗い物を
快適に！
毎日使う小さなお役立ちグッズ
こそ、シンクまわりに
欠かすべからず。

03
散らからない！
空間の有効利用がキーポイント。
ちょこっとすき間も
見逃すべからず。

顏色也整合了！

圖片和文字分成
大、中、小，看起
來好清爽！

能提高購買欲望的 夾頁廣告版面

夾頁廣告追求的是有效率地傳達必要資訊。因此有效運用夾頁廣告特有的設計和元素就很重要了，例如夾頁廣告上方的橫幅，可以加入必要的資訊，或者是用「白邊文字」和「爆炸效果」來吸引視線，刺激消費者的購買欲望。另一個要點是，門市資訊通常都會配置在相同的位置，以提高讀者的便利性。

〔橫幅〕
夾頁廣告特有的設計。這裡可以放置商標或促銷期等各種資訊。

我還是第一次聽到「爆炸效果」和「白邊文字」呢！

正面和背面有時也稱作Ａ面和Ｂ面哦！

廣告單有各種特有的規矩哦！

喔～

マルエツ 夾頁廣告

545 × 765 mm

夾頁廣告
SB：マルエツ

〔爆炸效果〕
夾頁廣告上經常可以看到的裝飾。用於襯托在價格或宣傳標語底下的元素，能夠吸引目光。

〔白邊文字〕
夾頁廣告上經常看得到的裝飾文字。多用於價格的標示。
在色彩氾濫的廣告傳單中，白邊尤其能提高辨識性。

〔門市資訊〕
清楚地配置在右邊。為了提高便利性，
基本上都會配置於同一位置。

以小孩作為主視覺
呈現出活力十足的版面

　　這裡的版面是以小孩作為主題，追求活力和開朗的形象。以活力十足的兒童照片作為中心，運用多彩的顏色來構成版面。將文字大小拉開差距，用不整齊的配置，帶出版面的動態。照片與文字涇渭分明，讓讀者可以流暢的切換，同時也能清楚傳遞想說的訊息。

〔字體的選擇方式〕
紅色字加上白邊，給人活力充沛的感覺。不同大小的文字和不一致的配置，能帶出版面的動態。字體為「DS-Kirigirisu」。

〔分割成兩部分〕
左側以照片為主，右側以文字為主來分割頁面。照片傳遞形象，文字傳遞資訊，各司其職。

快樂！有活力！

版面非常符合目標呢！

スポーツクラブ NAS

257 × 364 mm

傳單
SB：スポーツクラブNAS　CD：平野敦子（マックスヒルズ）／小林洋平（スポーツクラブ NAS）
D：金沢竜也（マックスヒルズ）　CW：佐藤大介（スポーツクラブ NAS）
DF：マックスヒルズ　印刷：ヤカ

將主標題和資訊分割成
上下兩半的版面

　　這個版面分割成上下兩半，上半部是主標題與視覺意象，下半部則是文字資訊。運用引人注目的圓形圖案吸引目光，讓讀者能立馬了解這是什麼廣告。將重要資訊放在下半部，按照項目整理清楚，並用顏色和文字大小分出等級，讓讀者能仔細閱讀。

〔吸睛焦點〕
把主標題安排成圓形，提高吸睛效果。

〔資訊的讀法〕
價格和時間等重要資訊都集中在下半部。按照項目分色整理，並用文字大小為重要度分級，清晰明確地將大量資訊傳遞出來。

圓形的主標題好醒目！

好點子！　　好點子！

JRで行く 冬のふらの‧びえい
297 × 210 mm

廣告單
SB：北海道旅客鐵道　D：砂金八重

顏色與格子的效果
為版面帶來統一性

　　將上半部三分之二的傳單分割成9格，每格各配置不同的圖片。雖然圖片的形狀、大小和主題不同，但因為格子大小相同，產生出整體感。另外，減少格子內的顏色數，讓顏色和文字顏色產生關連性，有效地帶出統一性。

〔統一性〕
圖片的形狀、大小和主題雖然互異，但是配置在分割成同面積的9個格子中，營造出了統一性。

〔創造出動態〕
9個格子整齊配置，只有其中一張圖片跳出格子的配置，為版面製造出變化和動態。

〔顏色數〕
雖然每個格子可以使用不同的顏色，但故意減少顏色數，能讓它與文字產生關連性，並且賦予整合的印象。

小津安二郎の図像学

257 × 182 mm

傳單
SB：東京国立近代美術館ファイルムセンター
D：村松道代（TwoThree）　P：大谷一郎

不使用照片素材
以文字作為主視覺

　　使用令人印象深刻的字體和配置，讓展覽會標題本身成為主視覺。另外，像手帕的形狀和紅色重點色，構成的簡單圖案也給讀者留下強烈的印象。有些媒體的版面並沒有照片或插畫等視覺元素，這時有效地使用文字、抽象形狀或顏色，也是構成版面的一種方法。

東京ミッドタウン・デザインハブ 第44回企画展
JAGDA やさしいハンカチ展 Part 3

被災地からの

ことば
の
ハンカチ

Graphic
Handkerchiefs

展

"Tohoku Messages"

東北の商店街で復興を支える方々の「言葉」をハンカチにデザインしました。

〔低調的用色〕
只用了三種顏色。但也因此讓紅色重點色看起來特別鮮明。

〔字體的排列〕
標題使用令人印象深刻的字體，配置出動態，吸引讀者的視線。字體為「Koburina Gothic」為基底再加工。

〔資訊集中〕
清楚呈現必須傳遞的資訊，是十分重要的。這裡將活動的舉辦日期、地點等集中在下方，清晰地傳達訊息。

2014年1月20日㊊ → 2月23日㊐
東京ミッドタウン・デザインハブ（ミッドタウン・タワー5F）　11:00〜19:00　会期中無休　入場無料
主催：東京ミッドタウン・デザインハブ　企画・運営：公益社団法人日本グラフィックデザイナー協会（JAGDA）
Tokyo Midtown Design Hub 44th Exhibition
JAGDA Handkerchiefs for Tohoku 3: Messages from Tohoku
Dates: Monday 20 January〜Sunday 23 February 2014, 11am〜7pm (open everyday / admission free)
Venue: Tokyo Midtown Design Hub (Midtown Tower 5F)
Organised by Tokyo Midtown Design Hub　Produced by Japan Graphic Designers Association Inc.

Tokyo Midtown
DESIGN
HUB

JA●DA

沒有照片也一樣酷！

汪！

JAGDAやさしいハンカチ展 Part3 被災地からのことばのハンカチ展
297 × 210 mm

傳單
CL：公益社団法人日本グラフィックデザイナー協会
AD, D：カイシトモヤ　DF, SB：ルームコンポジット

傳單・廣告單・海報的版面5

配合主題照片的
配色和置中對齊構圖

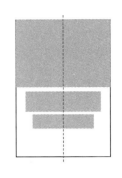

　　傳單上半部的照片最先抓住讀者目光。配合照片暖色調的文字配
色，引導視線自然走向文字資訊。若媒體將長輩設定為主要客層的話，
好懂、易讀便是最重要的要點。置中對齊的構圖簡單又有安定感，給人
悅目和穩重的感覺。

〔照片的層次〕
海報下方配置
了 5 張小圖。
相對主題照片
則是大膽地放
大配置，做出
差距，讓版面
層次分明。

〔配合照片的配色〕
配合主題照片的秋
季色調選擇文字配
色。因為統一性，
使版面整體產生沉
穩感。

照片的邊緣
也很可愛呢！

〔置中對齊〕
置中對齊的構圖簡單又有安
定感。如何呈現得具有美
感，就看製作者的功力了。

細微處也都
下了功夫！

人生、いろどり
257 × 182mm

傳單
SB：『人生、いろどり』制作委員会　D：奧村香奈
P：久保田 智　I：淺見ハナ　印刷：北斗社

用有誘惑感的食物照片
吸引讀者的視線

這張海報使用令人垂涎的食物照片作為主視覺。在食物和飲料類的商品廣告中，經常會利用有誘惑感或看起來美味的照片刺激食欲或購買意願。這裡將點心的照片做出印象深刻的裁修，配置在雙色的背景下。照片旁的商品名，也配合裁修做出有趣的文字排列。

〔文字排列〕
文字雖然不規則地排列，但能感受得到節奏。這樣的文字排列激發出愉悅，形成歡樂的版面。

〔印象深刻的裁修〕
印象深刻的裁修，讓主體商品立體起來。多彩的背景，也提高了商品的誘惑感。

誘惑感就是好吃的感覺啊！

咚！

フロレスタ ドーナツサンデー
594 × 841 mm

海報
CL：フロレスタ　AD, D, SB：近藤 聡

裝訂的種類

裝訂的種類中最具代表性的是「精裝本」和「平裝本」。採用比書芯大一圈且內含厚紙板的特製書封稱為「精裝本」，又叫「硬皮書」。將不加芯紙的封面黏在內頁後，除了書背外，裁切三邊（書首、書根、書口）的書就稱為「平裝本」，也叫「軟皮書」。通常平裝本的裝訂費較便宜，所以較多雜誌和書籍採用。而追求耐久性閱讀的書籍，必須製作得更加堅固，如圖鑑或童書等，則多會採用「精裝本」。

精裝本與平裝本

精裝本

豪華版、全集、藝術書籍等多數都會裝訂成精裝本，又稱為硬皮書。

平裝本

裝訂費比較便宜，新書或文庫本等都用平裝本製作，又稱為軟皮書。

其他的裝訂

軟皮精裝

不使用精裝本的芯紙，將封面反折的裝訂。

精裝書衣

以書衣包覆封面，書衣封面和封底部分的書口端會向內摺。

精裝本的種類　除了軟皮精裝、精裝書衣之外，還有幾種不同的書背加工方式。

〔方背〕
又稱為硬背。雖然堅固，但不適合頁數多的書。

〔方背壓溝〕
方背的一種。在封面與書背之間壓製溝槽，使書封較容易翻開。

〔圓背〕
增加書背的柔軟性，使內頁更容易翻閱的裝訂方法。

〔圓背壓溝〕
與圓背一樣具有柔軟性。在書封壓製溝槽，使書封更容易翻開。

〔法式裝訂〕
介於精裝和平裝之間的裝訂種類。封面和封底各別貼上厚紙板，再另外安裝書背的裝訂法。

書的裝訂方式

書籍的印刷是在一張大紙上，印刷多張頁面，將它折疊起來稱為「書帖」。書帖通常以8頁或16頁等四的倍數構成。多份書帖組合裝訂起來就會變成書。這裡介紹主要幾種裝訂方式，每種裝訂的翻開方式和耐久性都不同。不同厚薄的頁數，分別有適合與不適合的裝訂方法。

〔騎馬釘〕
將書帖的背側疊合成冊，再用鐵線穿訂。常用於薄頁的雜誌。可以完全展開。

〔平釘〕
以鐵線穿訂書帖的方法，適合用於考量耐久性需求的時候。很難完全展開。

不只一種裝訂方式啊！

〔穿線膠裝〕
將每台書帖都穿線，再全數縫製起來的方法。耐久性高，適合頁數多的書。

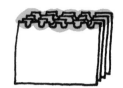

〔破脊膠裝〕
將書帖背側切出凹槽後，再用膠水黏著的方法。耐久性佳。

〔無線膠裝〕
在書帖背側做出切口後，用膠水黏著的方法。近似破脊膠裝。

裝訂方式和內邊的關係

書的裝訂方式與版面的內邊留白（版邊）有著深厚的關係。可以完全展開的裝訂方式，即使內邊留白小也沒問題，但若採用不能完全展開的裝訂方式，內邊留白就必須要設得寬一點。以下整理了裝訂方式與內邊留白的關係，提供讀者在設計版面時參考。

內邊務必寬一點哦！

〔平釘〕
平釘能增加裝訂強度，但同時也會大幅縮小展開的角度，所以內邊務必設寬一點。

內邊窄一點也沒關係！

〔騎馬釘〕
因為頁面可以完全展開，所以內邊稍微窄一點也不會造成閱讀困難。

內邊要稍微寬一點哦！

〔膠裝・線裝〕
雜誌或書籍經常使用的破脊膠裝或線裝，通常會將內邊做得稍微寬一點。

文章中除了平假名、片假名、英文字母和數字之外，還會用到大量的符號，這些符號又稱為「標點符號」。例如表示文章段落的「斷句符號」，或加在對話、引用和強調字句頭尾的「括弧類」，以及其他各種功能的符號。此外，大標和小標有時也會用符號作為設計的元素。這裡就來介紹代表性的符號。

記號類

記號	名稱
※	米字號
＊	星號
**	三星號
★	黑星星
☆	白星星
○	圓
◯	粗圓
◎	雙圓
◉	魚眼符號（大）
⊙	魚眼符號（小）
●	黑圓
■	黑方形
□	白方形
▲	黑三角
△	白三角
◆	黑菱形
◇	白菱形
〒	郵政符號
＃	井符號
†	短劍符號
‡	雙短劍符號
§	章節號
‖	雙直線
¶	段落號
°	度
′	單撇號
″	雙撇號
✓	檢查符號
〃	木屐符號*
♪	音符

單位符號

記號	名稱
m	米、公尺
m²	平方米、平方公尺
m³	立方米、立方公尺
g	公克
t	公噸
ℓ	公升
a	公畝
A	安培
W	瓦特
V	伏特
cal	卡路里
h	小時
min	分
s	秒
Hz	赫茲
p	皮（pico=1/1,000,000,000,000）
n	奈米（nano=1/1,000,000,000）
μ	微（micro=1/1,000,000）
d	分（deci=1/10）
da	十（deca=10倍）
h	百（hecto=100倍）
k	千（kilo=1000倍）
M	百萬（mega=1,000,000倍）
G	吉（giga=1,000,000,000倍）
T	兆（tera=1,000,000,000,000倍）

重音符號

記號	名稱
á	高音符號
à	低音符號
â	長音號
ā	顎化符號
ă	短音符號
ä	分音符號

數學符號

記號	名稱
＋	加號
－	減號
×	乘號
÷	除號
＝	等號
≠	不等號
<	嚴格不等號（小於）
>	嚴格不等號（大於）
≡	同餘
π	圓周率
√	根號
Σ	求和符號
∫	積分號
∞	無窮
∴	因為
∵	所以

其他符號

記號	名稱
℃	攝氏度
％	百分比
‰	千分比
＠	小老鼠（at）
¥	日圓
$	美元
¢	分
£	英鎊
€	歐元
®	註冊商標
™	商標
©	版權標誌
Ⅰ Ⅱ	羅馬數字（大寫）
ⅰ ⅱ	羅馬數字（小寫）
①②	圓框數字
(1)(2)	括號數字
(a)(b)	括號字母
♥ ♠	撲克牌符號
㈱㈲	省略符號

哦伊～

＊譯注：木屐符號多用於日文排版用以替代無法顯示或未知的漢字

哦伊～

斷句符號

記號	名稱	使用法
、	頓號	用於並列運用的詞、語之間，或標示條列次序的文字之後。
。	句號	用於一個語義完整的句末，不用於疑問句、感嘆句。儘管有逗號就應該有句號，但是用在標題時，可視情況省略句號。
,	逗號	用於隔開複句內各分句，或標示句子內語氣的停頓。全形逗號使用於中文，半形逗點使用於歐文。半形逗點也用於將數字每隔3位區隔開來，或在歐文當頓號使用。
.	句號	歐文橫排時，和半形逗點一起使用，用法等同句號。
•	音界號	用於以國字表示數字時的小數點，用於原住民命名習慣之間隔，以及用於翻譯外國人的名字與姓氏之間。
:	冒號	用於總起下文，或舉例說明上文。
;	分號	用於分開複句中平列的句子。
’	撇號	主要使用於歐文，用以表示名詞所有格和語句的省略。也可以使用在年代的省略（1960 → ‘60）。
!	驚嘆號	用於感嘆語氣及加重語氣的詞、語、句之後。
?	問號	用於疑問句之後，或是用於歷史人物生死或事件始末之時間不詳。
? !	驚嘆問號	用於同時表達疑問與驚訝的句末。
!	斜驚嘆號	用法相同於驚嘆號，但是主要用於日文。

括弧類

記號	名稱	使用法
（ ）	圓括號、小括號	用於行文中需要注釋或補充說明，以及用於數字編號等需要與其他句子區分的情形。也會使用在數學算式上。
(( ))	雙圓括號	用於在圓括號夾注的句子中，另有使用圓括號需求的情形。
「 」	引號	用於標示說話、引語、特別指稱或強調的詞語。一般引文的句尾符號標在引號內。引文用作全句結構中的一部分，其下引號之前，通常不加標點符號。
『 』	雙引號	用於標示說話、引語、特別指稱或強調的詞語。如果有需要，單引號內再用雙引號，依此類推。
〔 〕	六角括號	用於圓括號內有使用另一層圓括號的需求時，以及用於標示解說和註記。主要使用在直排。
[ ]	方括號、中括號	用於標示發音、註釋等語句，也會用在數學算式。
{ }	大括號、花括號	用於涵蓋、統整兩個以上的項目，也會用在數學算式。
〈 〉	角括號、書名號	用於篇名、歌曲名、文件名、字畫名等。
《 》	雙角括號、雙書名號	用於書名、影劇名。
【 】	黑括號、實心方頭括號	用於標示特別想強調的語句或標題。
‘ ’	引號	相當於中文的圓括號和引號，用於歐文。美語是先雙引號再單引號，英語是先單引號再雙引號。
“ ”	雙引號	相當於中文的雙引號，用於歐文或日文橫排。
〝 〟	強調符號	於直排時，用於標示欲強調的語句或引文。在某些情況下，也會拿來取代歐文的雙引號。

連接符號

記號	名稱	使用法
-	連字號	主要用於歐文，當有多個句子連在一起時，插入其間的符號。有時也會用於連接行尾遭斷字處理的單字。
–	連接號	用於連接時空的起止或數量的多寡等。
—	破折號	用於語意的轉變、聲音的延續，或在行文中為補充說明某詞語之處，而此說明後文氣需要停頓。
——	全形破折號	用於語意的轉變、聲音的延續，或在行文中為補充說明某詞語之處，而此說明後文氣需要停頓。中文（日文）多使用全形破折號。
～	波浪狀連接號	用於連接時空的起止或數量的多寡等。有時用法等同破折號，但會用於文意較緩和的場合。此外，也會用於會話的句尾，藉此表達情緒。
…	三點刪節號	用於節略原文、語句未完、意思未盡，或表示語句斷斷續續等。原則上會兩個一起使用（共6點）。
‥	兩點刪節號	意思相同於三點刪節號，日文特有。現今幾乎不再使用。

索引

索引來囉～

VQ0059X

設計師一定要懂的版面設計學【暢銷紀念版】
從豐富的範例中學習！不可不知的版面基礎知識

原著書名　デザイナーズハンドブック　レイアウト編
作　　者　PIE BOOK編輯
譯　　者　陳嫻若

出　　版　積木文化
總 編 輯　江家華
責任編輯　張倚禎、陳佳欣
版　　權　沈家心
行銷業務　陳紫晴、羅伃伶

發 行 人　何飛鵬
事業群總經理 謝至平
　　　　　城邦文化出版事業股份有限公司
　　　　　台北市南港區昆陽街16號4樓
　　　　　電話：886-2-2500-0888 傳真：886-2-2500-1951
發　　行　英屬蓋曼群島商家庭傳媒股份有限公司城邦分公司
　　　　　台北市南港區昆陽街16號8樓
　　　　　客服專線：02-25007718；02-25007719
　　　　　24小時傳真專線：02-25001990；02-25001991
　　　　　服務時間：週一至週五上午09:30-12:00；下午13:30-17:00
　　　　　劃撥帳號：19863813 戶名：書虫股份有限公司
　　　　　讀者服務信箱：service@readingclub.com.tw
　　　　　城邦網址：http://www.cite.com.tw
香港發行所　城邦（香港）出版集團有限公司
　　　　　地址：香港九龍土瓜灣土瓜灣道86號順聯工業大廈6樓A室
　　　　　電話：(852)25086231 ｜ 傳真：(852)25789337
　　　　　電子信箱：hkcite@biznetvigator.com
馬新發行所　城邦（馬新）出版集團 Cite（M）Sdn Bhd
　　　　　41, Jalan Radin Anum, Bandar Baru Sri Petaling, 57000 Kuala Lumpur, Malaysia.
　　　　　電話：(603) 90563833 ｜ 傳真：(603) 90576622
　　　　　電子信箱：services@cite.my

封面完稿　張倚禎
內頁排版　梁家瑄
製版印刷　上晴彩色印刷製版有限公司

Originally published in Japan by PIE International
Under the title デザイナーズハンドブックレイアウト編（Designer's Handbook: Layout）
© 2015 PIE International
Illustrations © Noda Yoshiko
Complex Chinese translation rights arranged through Bardon-Chinese Media Agency, Taiwan
All rights reserved. No part of this publication may be reproduced in any form or by any means, graphic, electronic or mechanical, including photocopying and recording by an information storage and retrieval system, without permission in writing from the publisher.

2019年4月11日　初版一刷　　　　　　　　Printed in Taiwan.
2024年6月27日　二版一刷
售　價／NT$480
ISBN 978-986-459-603-4　　　　　　　　　版權所有‧翻印必究

日文原書編輯團隊

企畫設計　公平惠美（PIE GRAPHICS）
執　　筆　佐々木 剛士／風日舍／田村 浩
插　　圖　NODA Yoshiko
編　　集　斉藤 香

國家圖書館出版品預行編目(CIP)資料

設計師一定要懂的版面設計學：從豐富的範例中學習！不可不知的版面基礎知識 / PIE BOOK編輯；陳嫻若譯. -- 二版. -- 臺北市：積木文化，城邦文化出版事業股份有限公司出版：英屬蓋曼群島商家庭傳媒股份有限公司城邦分公司發行，2024.06
　面；　公分
譯自：デザイナーズハンドブック　レイアウト編
ISBN 978-986-459-603-4(平裝)
1.電腦排版 2.版面設計
477.22　　　　　　　　　　113006922